FASHION
TEXTILES
패션 텍스타일

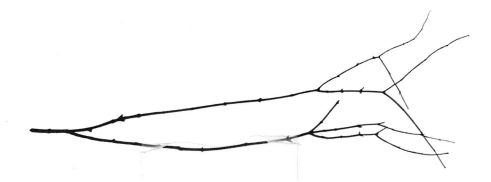

FASHION
TEXTILES

패션 텍스타일

김은애 | 김혜경 | 나영주 | 신윤숙 | 오경화 | 임은혁 | 전양진 지음

(주)교문사

머리말

FASHION TEXTILES

오늘날 섬유패션산업은 매우 독특하고 다양한 특성들을 지니고 있다. 먼저, 섬유패션산업은 디자인과 유행성에 따라 가치가 결정되는 고부가가치 산업이다. 유행을 미리 예측할 수 있는 감성과 정보력이 중요하며 인터넷, 스마트폰 등의 온라인매체는 유행 정보의 세계적인 전파를 촉진한다. 정보통신 기술과 이동수단의 발달로 인해 패션정보와 패션제품의 생산 및 구매도 글로벌하게 이루어지고 있다. 패션산업에서는 섬유, 원단, 의류제작 및 염색·가공의 각 단계를 여러 나라에서 수행하고 있다. 제품 생산의 많은 부분이 기계화되고 자동화되었으나 여전히 많은 공정은 사람의 손에 의지하는 노동집약적인 점도 패션산업의 특징이다. 최근에는 판매시즌 직전에 유행할 디자인을 확인하고 저렴하게 패션제품을 생산하는 글로벌 패스트패션 브랜드들이 세계 패션시장을 주도하고 있다. 또한 환경과 미래를 생각하는 친환경 소재개발과 생산방식에 대한 관심이 높아지는 추세이다.

패션디자인은 제품의 재료인 소재에서 가장 먼저 시작되기 때문에 패션소재에 대한 이해가 디자인의 기초가 된다. 실제 디자이너가 옷을 만들 때는 패션 실루엣을 먼저 떠올린 후 그에 적합한 소재를 구하기도 하고, 소재를 보고 나서 그에 맞는 실루엣을 생각하기도 한다. 따라서 성공적인 패션디자인을 위해서는 디자이너의 창의성도 중요하지만 패션소재에 대한 물리화학적 지식이 있어야 하며 새로운 소재에 대한 정보도 필요하다. 또한 디자이너는 패션소재를 감각적, 문화적으로 이해할 수 있음은 물론, 유행 컬러나 트렌드를 민감하게 파악할 수 있어야 한다. 그동안 패션전공 학생들이나 패션산업 현장으로부터 패션소재에 관한 많은 대학교재들이 소재의 이화학적 특성이나 기능성 위주로 기술되어 있어 패션실무 현장에서 활용할 때 한계가 있다는 지적을 받아왔다. 이 책에서는 소재지식과 디자인 지식을 통합하여 패션디자인 실무에 도움을 줄 수 있는 소재정보를 제시하고자 한다.

본 책은 모두 8개의 장으로 구성되어 있다. 1, 2, 3장에서는 패션디자인과 소재기획, 컬러와 패션트렌드, 패션소재와 디자인개발을 설명함으로써 소재의 디자인에 중점을 두었다. 4, 5, 6장은 소재의 물리적 성질과 감각적 특징, 가공과 장식효과 등 소재 자체의 특성을 중심으로 기술하였다. 7, 8장에서는 미래의 패션소재에 영향을 미치는 윤리적, 기술적 측면과 함께 패션소재의 역사적 배경과 생산, 소재개발에 대한 정보를 제시하였다. 각 장마다 해당내용에 적합한 시각자료와 패션산업 현장에서 실제 활용되고 있는 정보를 제공하고자 노력하였다.

여러 분야의 교수들이 함께 집필하다 보니 각자의 전공 특성이 두드러지는 점은 좋았지만 용어나 내용의 일관성이 다소 부족한 점이 아쉬웠다. 그럼에도 불구하고 다양한 패션분야의 지식들이 융합되어 있는 본 교재가 독자들에게 패션소재에 대해 통합적인 이해를 도와 줄 수 있기를 기대해 본다. 미흡한 부분은 앞으로 독자들의 피드백을 받고 저자들이 지속적으로 연구함으로써 수정되고 보완될 수 있도록 하겠다. 끝으로 책을 내는데 자료를 제공해 주신 분들과 사진자료 사용을 허용해 준 업체들에 감사 드리고, 인내심을 가지고 작업해 주신 교문사 편집진의 노고에 깊은 감사의 마음을 전한다.

2013년 1월
저자 일동

차 례

FASHION
TEXTILES

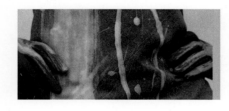

Fashion
& Textiles

CHAPTER 1
패션과 텍스타일

패션 디자인과 텍스타일은 상호의존적이며 상호영향을 주는 관계에 있다.

텍스타일은 실루엣을 구성하고 형태를 유지한다는 실질적인 역할 외에

컬렉션의 콘셉트, 형태, 소비자, 분위기, 디자인의 통일성 등 모든 면에

영향을 미치므로 패션 디자이너는 끊임없이 컬렉션을 통해

자신의 디자인 철학을 소통할 최적의 텍스타일을 탐색해야 한다.

1-1_ Burberry 체크

1 텍스타일의 중요성

패션 디자이너와 텍스타일의 관계는 창의적인 디자인 프로세스에서 핵심을 차지한다. 디올Christian Dior은 텍스타일은 디자이너의 꿈을 표현하는 것뿐만 아니라 디자이너의 아이디어를 자극하고 영감의 시작이 될 수 있다고 하면서 자신의 디자인의 상당수는 텍스타일 자체에서 시작되었다고 피력하였다. 또한, 웅가로Immanuel Ungaro는 소재를 만져 보고, 그 냄새를 맡아 보고, 그 소리를 들어 보면, 한 장의 천은 무수히 많은 것을 전한다고 표현한 바 있다. 도나 카란Donna Karan은 패션의 미래는 텍스타일에 달려 있으며 모든 것은 텍스타일에서 출발한다고 하면서 패션 디자인에서 소재의 중요성을 강조하였다.

패션 디자인과 텍스타일은 상호불가분의 관계에 있다. 기술의 진보, 라이프스타일의 변화, 소비자 요구수준의 향상으로 그 상호연관은 더욱더 밀접해지고 있다. 패션 텍스타일은 패션 디자이너와 텍스타일 디자이너뿐만 아니라 섬유산업, 컬러전문가, 글로벌 무역, 소비자, 미디어 등과 연관되어 있다. 텍스타일 전문가들은 텍스타일 업체, 디자이너, 기술자들에게 방향을 제시하는 동시에 패션 디자이너가 요구하는 텍스타일 기획을 참고하여 방향을 설정한다. 텍스타일은 실루엣을 구성하고 형태를 유지한다는 실질적인 역할 외에 컬렉션의 콘셉트, 형태, 소비자, 분위기, 디자인의 통일성 등 모든 면에 영향을 미친다. 따라서, 패션 디자이너는 끊임없이 컬렉션을 통해 자신의 디자인 철학을 드러낼 최적의 텍스타일을 탐색해야 한다.

패션 브랜드 중에는 컬렉션에 사용한 텍스타일로 명성을 얻는 경우가 있다.

미소니Missoni, 버버리Burberry, 푸치Pucci, 세인트 존St. John 등의 브랜드에서 텍스타일은 패션 브랜드의 주요한 특성을 전달하는 기능을 한다. 이렇게 브랜드의 특성을 대변하는 매체로서의 텍스타일을 시그니처 소재signature fabric라 한다.

1856년 토마스 버버리Thomas Burberry에 의해 창립된 버버리 브랜드는 원래 안감 소재로 소개한 버버리 체크를 1920년에 상표등록한 바 있다. 이 체크무늬를 우산, 여행가방, 스카프 등에 적용하다가 1997년 브랜드의 재출범을 기점으로 체크무늬를 패셔너블하게 재탄생시켰다. 푸치 브랜드는 소용돌이 무늬의 그래픽 프린트를 신발, 수영복, 가방 등에 적용해 왔다. 1992년 에밀리오 푸치Emilio Pucci의 사망 이후 회사의 대부분은 글로벌 패션기업인 LVMHLouis Vuitton Moët Hennessy에 인수되었고, 이후 푸치 프린트의 색상은 차분한 톤으로 재조합되어 다시 유행하고 있다. 멀티컬러 니트로 유명한 미소니의 경우, 1958년 이탈리아에서 오타비오와 로지타

미소니_{Ottavio & Rosita Missoni} 부부가 화려한 색상의 줄무늬 셔츠 드레스를 선보인 이래, 미소니의 줄무늬는 지그재그 무늬와 함께 시그니처 소재가 되어 미소니 브랜드를 니트웨어의 선두에 올려놓았다. 현재는 컬렉션마다 40여 색상과 20여 종류의 다양한 텍스타일로 가볍고 컬러풀한 드레스를 선보이고 있다. 세인트 존 니트는 샤넬_{Chanel} 슈트에서 영향을 받은 여성복 니트웨어로, 특허를 받은 실크와 레이온 혼방의 원사로 편직하여 형태 유지 성능이 뛰어나고 주름을 방지하는 기능을 갖추었다. 관리와 착용이 간편하고 몸을 덜 구속하는 것이 장점으로, 출장이나 여행이 잦은 현대 여성의 라이프스타일에 적합한 텍스타일을 사용하고 있다.

한편, 카와쿠보_{Rei Kawakubo}, 미야케_{Issey Miyake}, 와타나베_{Junya Watanabe}, 욜리_{Yeohlee Teng} 등의 패션 디자이너들은 혁신적인 텍스타일을 활용하여 실험적이고도 예술적인 실루엣을 만들어 내고 있다. 이들은 텍스타일 전문가, 공장 관계자와 협업하여 디자인을 전개해 왔다.

카와쿠보에게 텍스타일은 디자인 콘셉트의 중심이다. 카와쿠보는 전체 의복 디자인의 80퍼센트는 텍스타일의 개발에서 이루어진다고 밝힌 바 있다. 카와쿠보의 디자인 프로세스는 항상 텍스타일 디자이너와의 협업과 텍스타일 실험에서 시작된다. 카와쿠보의 유명한 1982년 '레이스 스웨터_{lace sweater}'는 의도적으로 니트에 구멍을 내어 찢어진 것처럼 보이게 한 디자인이다. 카와쿠보는 대량생산된 텍스타일의 획일성에서 벗어나고자 직기를 조작하여 무작위적인 결함을 만들어 냈다.

텍스타일에 새로운 테크놀로지를 적극적으로 도입하여 실험적인 디자인 콘셉트를 탐구하는 디자이너인 와타나베는, 텍스타일에서의 혁신 그 자체가 패션 디자이너의 창의적 발상에 일익을 담당함을 보여 준다고 하겠다. 와타나베는 Techno Couture of Soiree 컬렉션에서 가볍고 방수기능이 있는 마이크로화이버microfiber를 사용하여 벌집구조honey comb의 오리가미를 응용한 디자인을 발표했다. 그림 1-5의 상의와 드레스는 가벼운 폴리에스테르 합성소재의 수많은 층으로 이루어져 있어 접으면 납작해지고 착용하면 벌집과 같이 퍼지게 된다. 이는 혁신적인 테크놀로지를 이용하여 구조와 장식적 공간요소를 통합하며 부피감을 창조한 유기적인 디자인이라 할 수 있다.

미야케는 사시코면 퀼팅와 농부 작업복에 사용되는 체크무늬 텍스타일 등 일본의 전통적인 텍스타일과 폴리에스테르 저지jersey와 같은 현대적인 소재를 결합한다. 미나가와Makiko Minagawa와 후지와라Dai Fujiwara 등 텍스타일에 조예가 깊은 디자이너 및 엔지니어와 팀을 이루어 작업해 온 미야케는 텍스타일과 패션이 조화를 이루는 디자인을 개발해 왔다. 1993년에 출발한 Pleats Please 라인과 1999년

1-4_ Kawakubo의 레이스 스웨터, 1982 F/W 컬렉션

1-5_ Watanabe 컬렉션

의 A-POC_{A Piece of Cloth} 라인이 대표적이다. 영구 주름가공이 된 가볍고 신축성 있는 폴리에스테르 소재의 Pleats Please는 텍스타일 기술력의 잠재성에 대한 패션 디자이너의 생각을 일깨운 예이다. 더불어 착용 시 활동성이 우수하고 관리가 간편하며 부피를 적게 차지하여 여행 시 효율적으로 활용할 수 있다. A-POC 라인은 컴퓨터로 제작된 환편물 아이템을 소비자가 직접 잘라 다양한 방법으로 조합하여 착용할 수 있는 방식으로 구성된다. 미야케는 이러한 혁신적인 방법으로 드레스, 스커트, 속옷, 모자, 장갑, 양말, 가방 등의 핵심적인 아이템으로 이루어진 캡슐 컬렉션_{capsule collection}을 '한 장의 천_{A Piece of Cloth}'에서 잘라 내어 입을 수 있도록 하였다. 이와 같이 패션 디자이너는 새롭고 흥미로운 텍스타일로 디자인을 상

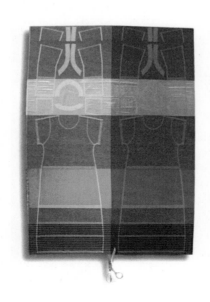

품화하고, 텍스타일 산업은 패션이라는 효과적인 홍보수단을 제공받아 상호 이익
이 될 수 있다.

반드시 이름 있는 텍스타일을 사용할 필요는 없다. 욜리는 독특하면서도 단
순한 디자인을 형상화하기 위해 테크놀로지를 적극적으로 활용한다. 욜리는 텍스
타일을 경제적이고 효율적으로 사용하며, 텍스타일의 중량, 텍스처, 컬러 등을 최
대한 활용하는 동시에 착용자의 입장에서 실용적인 측면을 중시한다. 욜리는 테
플론DuPont Teflon®으로 코팅된 면, 탁텔Tactel, 라이크라Lycra, 기계세탁이 가능한 폴리
에스테르 등의 하이테크 텍스타일을 사용하여 컬렉션을 구성한다. 욜리의 흰색
면 캔버스 재킷은 테플론으로 가공되어 얼룩을 방지한다. 또한, 궂은 날씨로부터
의 보호 기능을 강화하기 위해 실크와 면을 폴리우레탄으로 코팅하여 방수와 방
풍의 기능을 갖추면서도 통풍이 잘 되도록 하는 텍스타일을 활용해 왔다. 나아가
미국의 세탁용 세제 브랜드인 울라이트Woolite와 협업하여 기계 세탁이 가능한 가
벼운 울을 개발하여 고급스러운 이브닝드레스에 적용하였다. 이와 같이 욜리는
의복 디자인에 첨단 기술을 적용하여 이를 끊임없이 발전시키고자 한다.

1-8_ Yeohlee 컬렉션

이와 같이 특정한 텍스타일이 특정 패션 브랜드와 긴밀한 연관을 맺게 되면, 그 텍스타일 자체가 브랜드를 상징하게 된다. 더불어 한눈에 알아볼 수 있는 특징적인 텍스타일을 개발하여 제한된 양을 생산하면 패션 디자이너의 컬렉션에 첨단성뿐만 아니라 독점에 의한 고급스러움까지 제공한다. 따라서, 패션 디자이너들이 텍스타일 디자이너와 일대일로 협업하여 자신의 브랜드만을 위한 텍스타일을 개발하는 경우가 빈번해지고 있다.

2 소재 선정 시 고려할 사항들

패션 디자이너는 디자인 테마를 가장 잘 전달할 수 있는 소재를 선택해야 한다. 소재 선정 시에는 디자인과 소재의 적합성, 시즌, 목표시장, 소재 및 컬러 트렌드, 생산관리의 측면 등을 고려한다. 패션 디자인에서는 텍스타일보다 소재라는 용어를 더 많이 사용하므로, 디자인 개발 단계 중 소재 선정과 기획을 다루는 2절과 3절에서는 패션 디자인의 매체가 되는 대상을 소재라 일컫도록 한다.

디자인과 소재의 적합성

소재의 특성에 따라 디자인의 실루엣과 디테일을 형상화하는 방법이 달라진다. 원단을 인체 위에 걸쳤을 때 어떤 실루엣이 만들어지며 인체의 움직임에 어떻게 반응하는지 이해해야 의복으로 제작된 후의 모습을 예상할 수 있다. 이와 같이 소재의 다양한 특성을 이해하고 적절한 방법으로 디자인에 적용하는 것이 중요하다. 예를 들어 실크 시폰chiffon은 울 개버딘gabardine만큼 테일러드 재킷의 형태를 잘 표현할 수 없을 것이며, 가죽은 죠오젯georgette만큼 드레이프를 만들어 내기 어렵다.

초보 디자이너는 종종 의복의 실루엣을 결정한 후 소재를 결정하는 실수를 한다. 그러나 실루엣을 결정하기 전에 소재의 태fabric behavior를 염두에 두고 소재를 선정해야 한다. 인체에 밀착되는 실루엣은 직물을 사용한 테일러링이나 신축성 소재 또는 바이어스 재단으로 가능하다. 의복과 인체 사이에 고정적인 공간을 두는 건축적이고 조각적인 실루엣은 두터운 보일드 울boiled wool로 테일러링하거나 빳빳한 오간자organza를 통솔French seam의 솔기 처리방식으로 구성할 수 있다. 소재를 선정한 후에는 선택한 소재의 특성을 최대한으로 활용하기 위해 또는 소재의 단점을 극복하기 위해 재단 및 구성 방법을 고민하게 된다. 이는 제3장에서 자세히 다루도록 하겠다.

시즌

시즌은 소재의 무게나 텍스쳐의 결정에 영향을 준다. 두꺼운 소재는 가을과 겨울Fall/Winter, F/W 시즌, 가볍고 통기성이 우수한 소재는 봄과 여름Spring/Summer, S/S 시즌에 적합하다는 것은 쉽게 이해할 수 있다. 시즌은 컬러의 선정에도 영향을 주어 밝은 컬러는 S/S 시즌에, 어두운 컬러는 F/W 시즌에 많이 사용된다. 두터운 울 소재는 F/W 시즌에 주로 사용되는데, S/S 컬렉션을 위해 개발된 가벼운 울과 울 믹스 소재도 다양하다. 데님, 면, 실크, 저지 소재는 일 년 내내 활용된다. 최근에는 도시의 많은 현대인들이 냉난방으로 온도가 조절되는 환경에서 생활하므로 사계절에 걸쳐 다양한 소재의 사용이 가능해졌다.

리처드 마틴Richard Martin은 디자이너들이 일 년 내내 구입과 착용이 가능한 '제5계절the fifth season'을 위한 의복을 소개할 것이라고 예측한 바 있다. '제5계절'이란 사계절을 넘어선 현대 도시생활을 위해 온도가 조절된 실내기후이다. 21세기에 접어들어 연중 내내 착용하는 의복은 사계절 구분을 넘어서는 또 하나의 효용가치를 제공한다. 이제는 제5의 계절에서도 기능할 수 있는 의복이 요구되고 있으므로, 특정 시즌에 적합하면서도 어느 정도 온도의 변화에 적응할 수 있어야 한다.

목표시장

패션 디자인에서는 디자이너의 창의성과 개성뿐만 아니라 패션시장의 현실적인 문제를 해결하는 것이 중요하다. 패션 디자인은 판매되어야 하는 상품이라는 고유의 상품성이 고려되어야 하므로, 패션 디자인 기획 시에는 목표시장target market을 염두에 두어야 한다. 목표시장의 소비자 라이프스타일, 여가생활, 경제수준 및 의복구입비 등의 정보와 함께 사용 용도를 구체적으로 설정하여 조사할 필요가 있다.

또한, 여성복, 남성복, 아동복 등 목표시장에 따라 소재의 선택이 달라진다. 시폰 등 매우 여성스러운 소재는 남성복에 적용하기 어려운 경우가 있으며, 아동복에는 안전상의 이유로 사용할 수 있는 소재와 부자재가 제한되어 있다.

목표시장의 용도도 고려 대상이다. 자주 착용하는 실용적인 일상복은 세탁과 마모에 대한 내구성이 좋아야 한다. 레인코트는 가볍고 방수성이 뛰어나야 하므로 테플론 코팅이 된 면이 이상적인 소재라 하겠다. 타이트한 핏fit의 티셔츠에는 신축성이 있고 통기성이 우수한 면 저지가 적당하다. 고어텍스Gore-Tex는 방수와 통기성이 향상된 소재이므로 액티브웨어와 아웃도어웨어에 적합하다. 나아가 선택한 소재의 관리 비용이 목표시장의 소비자층의 특성 및 용도에 맞는지를 고려하여야 한다. 예를 들어 자주 세탁하는 일상복인지, 특별한 관리가 필요한 소재의 이브닝드레스인지, 손세탁을 해야 하는지, 드라이클리닝을 해야 하는지 등 소비자층이 의복관리에 시간, 노력, 비용을 얼마만큼 투자할 것인가를 따져 보아야한다.

패션 트렌드

패션 브랜드는 소재를 기획할 때 브랜드의 이미지와 소비자의 라이프스타일을 유지하면서 패션 트렌드를 반영해야 한다. 이를 위해서 패션 정보기관의 설명회 및 자료, 패션 컬렉션 자료, 패션 소재 박람회, 자체 시장조사, 패션 전문 잡지 등을 활용한다. 이와 같은 정보를 활용하여 새롭게 주목받는 컬러는 무엇인지, 구조, 텍스쳐, 기능성에서 혁신적인 소재가 등장하였는지, 최근 부각되는 부자재, 디테일, 장식요소는 무엇인지, 친환경 소재 등 시대적인 흐름을 반영하는 소재는 무엇인지에 대한 아이디어를 구체화한다. 자세한 내용은 제2장을 참조하라.

생산관리

기획한 디자인이 주어진 기술력과 예산 안에서 생산될 수 있는지를 따져 보아야 한다. 종종 패션 디자이너는 제한적인 생산비용 한도 내에서 기지와 순발력을 발휘하여 최선의 소재를 선택하여야 한다. 목표시장에 따라 시장에서 받아들일 수 있는 가격대가 다르므로 기술적으로 가능한 소재라도 정해진 가격대에서 생산 또는 판매할 수 없다면 기획과정에서 제외된다. 단, 가격이 높아도 그 가격대를 수용할 새로운 시장을 개척할 수 있다면 이는 고려될 수 있다. 반대로 생산공정의 발전으로 생산가격이 낮아지는 경우에도 새로운 수요를 창출할 수 있다.

소재의 입수가능성도 파악하여야 한다. 즉, 소재업체의 재고가 있어 리오더reorder가 가능한지 확인한다. 또한, 소재의 최소 주문량minimum order, 공급일정, 생산공장의 리드타임lead time, 제품의 입고delivery 일정을 확인하는 것도 중요하다. 예를 들어 공정시간이 많이 소요되는 프린트를 선택할 경우에는 프린트 디자인에 대한 결정이 소재 결정보다 선행하여 이루어져야 한다.

3 소재기획 과정

패션 디자이너는 크게 S/S 컬렉션과 F/W 컬렉션의 두 시즌을 중심으로 시즌 기획을 한 후 구체적인 월별기획을 한다. S/S 컬렉션은 일반적으로 8월말에서 9월에 선보인 후 다음 1월경 제품이 매장에 입고되면서 마무리되며, F/W 컬렉션은 2월경 개최되어 다음 7월경 매장에서 선보이게 된다. 월별기획은 한 달을 주기로 이루어지는 디자인 기획으로, 보통 한 달에 한 번 또는 두 번 이루어진다.

소재기획은 전체 상품기획에서 소재를 선택하거나 개발하는 것을 모두 포함한다. 소재와 컬러의 선택은 패션 컬렉션이 전달하는 메시지에 결정적인 영향을 미치므로, 패션 디자인을 기획할 때에는 시작부터 소재의 구성을 염두에 두어야 한다. 이때 본격적인 디자인 전개를 시작하기 전에 소재를 결정하는 것은 상당히 중요하다. 이는 추후에 소재를 변경하여 디자인 프로세스를 지연시키는 문제를 방지할 뿐 아니라, 소재 자체가 디자인의 중요한 영감이 되기 때문이다. 소재는 새로운 형태와 디자인 아이디어를 제시하는 자극제가 되며 디자인 프로세스에서 핵심적인 역할을 한다. 디자이너는 소재 선정 시 고려할 사항들을 염두에 두면서 소재를 기획한다. 더불어 디자인 콘셉트에 적합하고, 다양한 범위의 중량과 질감을 내포하면서도 컬렉션의 응집력을 높이고, 브랜드의 이전 컬렉션과 다음 컬렉션의 소재 구성과 연결되도록 하며, 브랜드의 정체성과 이미지를 일관되게 반영해야 한다.

다음은 의류업체의 소재기획 과정이다.

콘셉트 설정

디자인 콘셉트는 디자인 전개의 테마로 추상적인 개념에서 구체적인 스타일까지 다양하다. 리서치 단계에서는 디자인 콘셉트에 관련된 역사적, 문화적, 사회적인 맥락을 조사하는 것과 함께, 시장 조사를 통한 목표 시장의 라이프스타일의 분석이 이루어져야 한다. 리서치를 수행하면서 디자이너는 실루엣, 컬러와 소재에 대한 이미지를 떠올리게 된다. 영감의 원천으로는 스트리트 패션 관찰, 잡지와 서적 등의 문헌조사, 패션정보 기관의 자료 등을 이용한 트렌드 분석, 타 브랜드와 디자이너 조사, 드레이핑을 통한 의복구성에 대한 실험, 박물관과 전시회 관람, 소재와 부자재의 수집, 시대의상과 민속의상 연구 외에도 영화와 뮤직비디오, 라이프스타일, 조형예술과 다른 제품 디자인 분야의 트렌드 등 다양한 분야가 있다.

콘셉트 설정의 결과물은 콘셉트 보드concept board로 제시된다. 콘셉트 보드는 이미지 맵image map, 무드 보드mood board, 인스퍼레이션 보드inspiration board 등으로 불린다. 이는 디자인 아이디어를 시각적으로 나타내는 보드로, 사진 콜라주, 영감을 주는 이미지 또는 실물, 소재 스와치, 컬러 샘플 등을 조합하여 구성한다. 그래픽 소프트웨어를 사용하여 디지털 방식으로 구성할 수도 있다. 콘셉트 보드는 디자이너들이 하나의 콘셉트 하에서 작업하고 소통할 수 있게 돕는다.

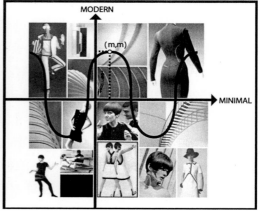

1-9_ 콘셉트 보드의 예

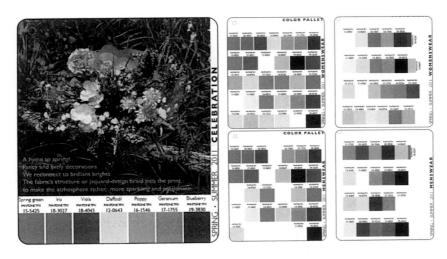

1-10_ 컬러기획의 예

컬러기획: 컬러 팔레트 구성

브랜드 및 시즌에 따라 컬러기획은 패브릭스토리 구성에 선행하여 이루어지기도 하고 동시에 진행되기도 한다. 컬러 팔레트_color palette 또는 컬러기획은 디자인 콘셉트에 적합한 컬러를 선택하여 구성하는 것과 특정한 소재를 몇 가지의 서로 다른 색상으로 전개할지에 대한 계획을 말한다. 특히 후자의 계획을 컬러 웨이_color way라 일컫는다. 디자이너는 컬렉션을 구상할 때 소재와 컬러를 동시에 마음에 그린다. 컬러와 소재를 서로 분리해서 생각하기는 힘들다. 예를 들어, 같은 화이트라 할지라도 빳빳한 리넨_linen의 화이트와 부드러운 울의 화이트는 느낌에서 차이가 크다. 어떤 디자이너에게는 특정한 컬러의 사용이 디자인의 트레이드마크가 되기도 한다. 예를 들어, 발렌티노_Valentino는 레드의 사용으로 유명하고, 드뮐레미스터 Ann Demeulemeester는 블랙과 어두운 색의 사용으로 잘 알려져 있다.

패브릭 스토리: 소재 맵 구성

패브릭 스토리_fabric story는 컬렉션을 구성하는 소재 샘플 그룹을 말한다. 패브릭 스토리를 정리한 보드를 패브릭 보드 또는 소재 맵이라 일컫는데, 그 시즌에 사용하는 소재를 한눈에 알아볼 수 있고 소재의 색상과 질감이 적절하게 코디네이트 되도록 구성한다.

이 단계에서 스와치swatch라 불리는 소재 샘플과 부자재 샘플을 수집하고, 텍스타일 디자인을 통해 소재를 개발하며, 직물 또는 편물의 표면을 다양한 방법으로 가공하여 디자인하는 서피스 디자인surface design을 결정한다. 예를 들어 니트의 경우 원사를 선택하고 적당한 게이지, 조직과 패턴을 결정하며, 제작할 색상의 종류와 수를 계획한다. 이 외에도 비즈, 자수, 아플리케, 염색, 프린트, 전사 등의 다양한 방법으로 콘셉트를 가장 효과적으로 표현할 소재의 모양을 갖추어 나간다. 니트 디자인을 포함한 텍스타일 디자인, 티셔츠 그래픽, 자수 도안 등을 개발하는데 있어 컴퓨터 그래픽의 사용은 소재 개발을 효과적으로 하는 데 필수적이라 할 수 있다.

패브릭 스토리는 트렌디 소재, 패션 소재와 베이직 소재 또는 스테이플 소재를 모두 포함하는데, 그 비율은 브랜드의 혁신성 정도에 따라 차이가 있다. 베이직 소재는 매 시즌 반복되어 나타나는 소재로, 제품 개발비가 절감되고 대량 생산의 틀을 이미 갖추었기 때문에 단가가 낮은 경우가 많은 반면, 트렌디 소재는 컬러, 텍스쳐, 패턴이 시즌 트렌드에 연관된 소재이므로 단가가 높은 경향을 보인

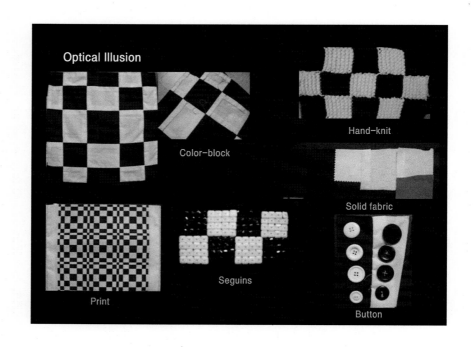

1-11_ 다양한 소재 개발

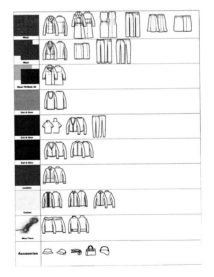

1-12_ 패브릭 스토리의 예

다. 궁극적으로 디자이너들은 목표시장에 가장 적합하고 바람직한 소재를 선택해야 한다. 패션업체의 규모와 디자이너의 유형에 따라서도 소재에 대한 태도가 달라진다. 상대적으로 많은 물량과 적은 이윤으로 운영하는 대규모 업체에서 비용은 결정적인 요인이므로 디자인과 소재 소싱_{sourcing}에 관해 효율성을 추구한다. 대규모 시장점유율을 보유하는 패션업체는 이전 시즌에서 성공적이었던 베이직 소재를 주문하는 '리피트_{repeat}' 오더라는 안정적인 정책을 구사할 것이다. 이러한 방식으로 대규모 패션업체의 디자이너는 선정된 소재의 물성과 특징에 익숙하게 되어 디자인 프로세스에서 드레이핑_{draping} 과정을 생략할 수 있게 된다. 이와 반대로 소비자에게 특별하고 독창적인 디자인을 제공하는 소규모의 패션업체에서는 트렌디 소재의 비중을 높이고 리피트 소재 또는 베이직 소재를 줄일 것이며, 소재가 어떻게 인체 위에서 반응하는지를 알아보기 위해 드레이핑 특성을 시험할 필요성이 대규모 업체보다는 높을 것이다.

디자인 개발

소재기획 후에는 본격적으로 디자인을 개발하게 되는데, 개발되는 디자인과 이에 적당한 소재를 소재 맵으로부터 선정한다. 이때 이미 정한 소재였다 하더라도 디자인을 개발하는 과정에서 탈락할 수도 있다. 적당한 소재가 준비되지 않았다면 디자인에 맞는 소재를 더 구해 보거나 소재업체에 직접 주문한다. 다른 브랜드와의 차별화를 꾀하기 위해 그 브랜드만의 디자인에 맞추어 소재의 제작을 주

1-13_ 소재별 디자인 개발의 예

1-14_ 패브릭 스토리와 디자인 스케치

문하기도 한다. 소재에 따른 디자인이 결정되면 샘플을 제작하고, 품평회를 거쳐 품목과 물량을 정한다.

소재에 따른 디자인 개발은 '3장 소재와 디자인 개발' 에서 자세히 다루도록 한다.

가봉과 발주

소재기획에 따라 디자인을 개발하여 최종 선택된 디자인은 샘플로 제작되는데, 양산$_{量産}$에 앞서 제작해 보는 원형$_{原型}$이라 할 수 있다. 이 샘플을 트왈$_{toile}$이라고 하는데, 이는 의복 제작 시 사용되는 모형으로, 디자인이 형상화되는 과정에서의 문제점을 발견하고 해결하기 위한 것이다. 트왈에는 광목$_{muslin}$이 사용되거나 실제 소재와 중량, 두께, 드레이프성이 비슷한 저렴한 소재가 사용된다. 샘플의 실루엣, 비례, 디테일 등을 확인하고 수정하게 되는 광목 가봉$_{muslin\ fitting}$을 통해 수정 사항은 다시 의복 패턴에 반영되고, 수정된 패턴으로 이번에는 원단을 소재로 2차 가봉인 원단 가봉$_{fabric\ fitting}$을 통해 최종적인 수정 및 보완 작업을 한다. 실제 패션업계에서는 브랜드의 특성에 따라 1차 가봉인 광목 가봉을 생략하는 경우도 있다.

최종 수정 작업이 끝나면 샘플은 봉제되고 마무리되어 품평을 위한 준비를 하게 된다. 품평회convention에서는 디자이너는 물론 브랜드에 따라 머천다이저, 비주얼 머천다이저, 매장의 판매책임자 등이 모여 전반적인 조화를 고려하여 최종 디자인을 결정하고 생산수량을 산정하여 소재업체에 주문한다. 수입 소재는 더 일찍 주문하여 생산에 차질이 없도록 입고 날짜를 정한다.

1-15_ 광목 가봉

1-16_ 원단 가봉

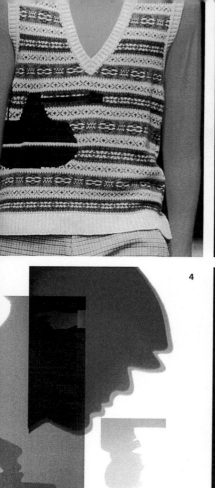

Color and Fashion Trend

CHAPTER 2
색과 패션 트렌드

성공적인 텍스타일 디자인을 위해서는 시즌이나 디자인 콘셉트,

직물 특성을 고려한 색을 선정해야 한다.

패션 트렌드를 예측할 수 있는 다양한 정보들은 텍스타일 기획과 디자인

개발을 위해 활용된다.

1 색 Color

성공적인 패션 컬렉션과 텍스타일 디자인을 위해서는 색의 선정이 중요하다. 색은 컬렉션의 분위기를 결정하며 고객이 가장 먼저 보는 디자인 요소이기도 하다. 색을 선정할 때는 시즌이나 디자이너의 콘셉트, 직물 유형을 고려해야 하며, 고객의 특성도 신경 써야 한다. 색은 트렌드 정보에 영향을 받으므로 디자이너는 특정 시즌의 유행에 적합한 색을 선정해야 한다. 여기서는 색에 관한 기본 이론들을 알아보고, 텍스타일 디자인에서 색을 활용하는 방법을 이해하도록 한다.

색의 개념

색color이란 빛이 물체의 표면에 닿아 눈으로 반사되는 특정한 파장의 빛을 말하며 인간의 뇌에서 그 물체의 색으로 지각된다. 예를 들어 사과의 붉은색은 빛이 사과의 표면에서 파장이 긴 붉은색만 반사되고, 나머지 색들은 흡수되어 보이지 않는 것이다. 즉, 빛이 있어야 색을 볼 수 있으며, 빛은 실제로는 많은 색들을 가지고 있다고 할 수 있다. 또한, 색에 대한 지각은 사람의 뇌에서 일어나는 반응이므로 개인마다 다르게 인식되어 주관적일 수 있다.

색은 세 가지 속성, 즉 색상, 명도, 채도를 가진다. 색상hue은 색의 독특한 기운을 말하는데, 빨강, 노랑, 파랑은 가장 기본적인 일차 색상primary color이며 이들 기본색들을 혼합하여 주황, 녹색, 보라 등의 이차 색상들을 만들 수 있다. 이렇게 인접 색상들을 합하여 만든 색들을 원으로 배열한 것을 색상환color wheel이라고

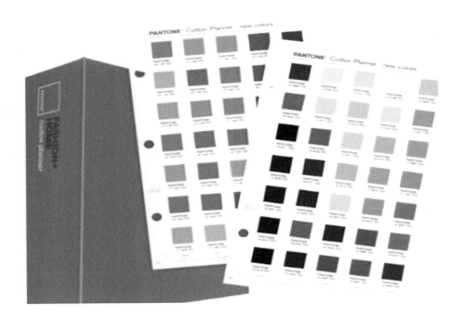

한다. 인쇄업계에서는 빨강magenta, 노랑yellow, 파랑cyan의 일차 색과 이들 일차 색상을 합하여 만들어 낸 검정black을 기본으로 CMYK 색체계color system를 사용한다. 색상은 색의 밝고 어두운 정도를 말하는 명도lightness, value와 맑고 탁한 정도를 말하는 채도saturation, chroma에 의해 다양하게 표현된다. 파스텔 색상은 채도가 낮고, 어두운 색상은 명도가 낮다. 톤tone은 명도와 채도의 효과를 한꺼번에 표현하는 용어이다.

사람의 눈으로 지각할 수 있는 색은 35만 가지나 되고 지각은 주관적일 수 있기 때문에 패션 산업체에서 특정 색을 부를 때는 정확한 의사소통을 할 수 있는 기준 색체계가 필요하다. 섬유업체나 소재업체, 의류업체 간에 많이 사용하는 기준 색체계로는 팬톤Pantone 색체계와 먼셀Munsell 색체계가 있다. 이들 색체계에서는 색을 말로 기술하는 것이 아니라 고유 번호로 지정하여 특정 색을 확인한다. 팬톤 색체계는 명도와 채도가 다른 색상들을 1,925개로 제시하였다.

톤 분류법

톤tone은 순색에 흰색, 검은색, 회색 등과 혼합되어 다양한 명도와 채도를 갖게 되는 색조를 의미하며, 색상의 명암과 농담의 상태를 표현한다. 톤 분류법은 색상의 감각적이고 심리적인 성격을 파악하여 일상생활에 활용할 수 있도록 단순화시킨 체계이다. 패션산업에서는 주로 ISCC-NBSISCC: 미국색채협의회 Inter-Society Color Council, NBS: 미국표준국 National Bureau or Standards와 PCCS일본색연배색체계 Practical Color Coordinate System에서 개발한 색체계를 기초로 한 톤 분류법을 이용하고 있다. 톤을 명도와 채도 단계에 따라 위치를 정한 톤 스케일tone scale을 보여 주는 ISCC-NBS의 톤 분류법 /그림 2-2/에서 기준축은 whiteW, light grayltGy, medium graymGy, dark graydkGy, blackBk의 무채색 톤으로 구성되며, 세로축은 톤의 명도 단계, 가로축은 톤의 채도 단계의 변화를 의미한다.

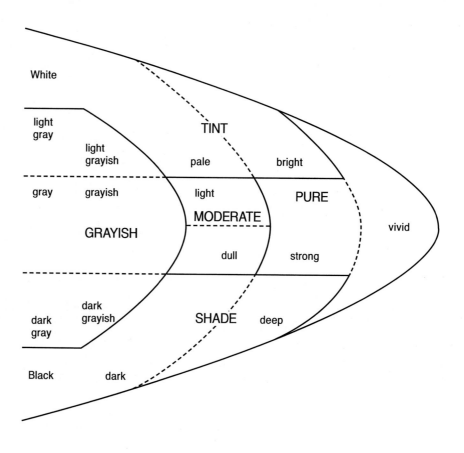

2-2_ ISCC-NBS의 톤 분류법

동일색상면에서 톤은 유채색 11개 톤과 무채색 5개 톤으로 분류된다. 11개 유채색 톤에는 vivid$_v$, strong$_s$, bright$_b$, pale$_p$, light grayish$_{ltg}$, light$_{lt}$, grayish$_g$, dull$_{dl}$, deep$_{dp}$, dark$_{dk}$, dark grayish$_{dkg}$가 있다. 이들 11개 톤은 그 성격에 따라 Pure, Moderate, Grayish, Tint, Shade의 5가지 종류로 분류되며, Pure 톤에는 vivid와 strong, Moderate 톤에는 light와 dull, Grayish 톤에는 light grayish, grayish와 dark grayish, Tint 톤에는 bright와 pale, Shade 톤에는 deep과 dark가 포함된다.

톤의 이미지

색을 색상과 톤의 특성으로 분석하는 것은 색의 조화로운 사용과 이미지 전달 측면에서 매우 중요하다. 유채색의 11개 톤은 이미지 특성에 따라 화려한 톤, 밝은 톤, 차분한 톤, 어두운 톤으로 분류할 수 있다. 화려한 톤에 속하는 vivid와 strong

2-3_ 무채색 톤

2-4_ 밝은 톤

톤은 순색과 순색에 인접한 색조로 활동적이며 강렬한 이미지를 준다. 밝은 톤에 속하는 bright와 pale 톤은 순색에 흰색이 첨가된 가볍고 연한 색조로, 여성적인 부드러움과 낭만적인 이미지를 지닌다. 차분한 톤에 속하는 light, light grayish, grayish, dull 톤은 비교적 높거나 중간 명도의 회색과 혼합된 색조로, 순색이 지닌 강렬한 느낌이 약화되어 수수하고 안정적인 이미지를 준다. 어두운 톤에 속하는 deep, dark, dark grayish 톤은 순색에 검정 또는 진한 회색이 혼합된 색조로, 무겁고 엄숙하며 남성적이고 중후한 이미지를 준다. 무채색 톤에 해당하는 white, light gray, medium gray, dark gray, black은 일반적으로 세련되고 격조 있는 이미지를 나타낸다.

2-5_ 어두운 톤

2-6_ 차분한 톤

2-7_ 화려한 톤

색의 인지적 특성

사물이 가지는 색은 인간의 감각기관을 통해 인지되므로 색에 대한 지각은 사람들의 생리적 특성과 사회문화적 경험에 따라 다양하게 나타날 수 있다. 색의 속성, 즉 색상이나 명도, 채도 등은 사물의 온도감, 무게감, 거리감, 크기 등의 특성을 지각하는데 영향을 미친다.

먼저 색이 갖는 온도감은 색상을 통해서 표현된다. 먼셀의 색상환에서 빨강, 주황, 노랑은 따뜻한 온도감을 갖는 난색계통의 색이며, 반대쪽에 위치한 파랑과 남색은 차게 느껴지는 한색계통의 색이다. 동일한 색상도 명도와 채도에 따라 온도감이 달라지는데, 명도와 채도가 높은 색은 차갑게 느껴지고 낮은 색은 따뜻하게 느껴진다. 색의 무게감 역시 명도와 채도에 영향을 받아서 밝고 선명한 색은 가볍게, 어둡고 탁한 색은 무겁게 느껴진다. 색상환에서는 난색계통의 색이 더 가볍게 느껴지고 한색계통의 색은 무겁게 느껴진다.

색채의 거리감은 색의 명도와 채도에 영향을 받는데, 일반적으로 밝은 색과 채도가 높은 색이 더 가깝게 보인다. 난색계통의 색은 한색계통의 색보다 더 진출되어 보이며, 무채색이 유채색보다 더 후퇴되어 보인다. 사물의 크기에 있어서도 명도가 높고 따뜻한 색의 물체는 커 보이고, 명도가 낮고 차가운 색의 물체는 작아 보인다. 색에 따른 면적의 착시현상은 패션디자인에 효과적으로 활용될 수 있다.

2-8_ 따뜻한 색과 차가운 색

기본색과 유행색

패션상품 구매 시 색채는 가장 크게 영향을 주는 요인이다. 따라서 패션 디자인과 텍스타일 디자인에서 가장 중요하게 다루어야 할 요소는 색채라고 할 수 있다. 개인의 감각에 즉각적인 영향을 미치는 색채는 강한 이미지 전달의 기능이 있으므로 소비자의 색채 선호를 파악하는 것은 마케팅 측면에서 상품 경쟁력을 높이는 중요한 요인이 된다. 색채는 분위기, 연상, 신분, 종교, 문화 등을 상징적으로 표현하는 수단으로, 텍스타일 산업과 패션산업에 있어서 디자인 기획 단계부터 마케팅 단계에 이르기까지 매우 중요한 역할을 담당하고 있다. 특히 패션 브랜드에서 제시하는 색채는 브랜드 이미지 전달을 위해 세심하게 선택해야 한다. 시즌마다 패션 브랜드에서 활용하는 색채에는 기본색과 유행색이 있다.

기본색 basic color

기본색은 대부분의 패션 컬렉션에서 매 시즌마다 항상 출현하는 색으로, 주로 흰색, 회색, 검은색, 네이비 블루, 베이지 등이 포함된다. 기본색은 다른 색과의 조합이 비교적 쉬우므로 각기 다른 목표시장을 갖는 패션 브랜드에서 보편적으로 나타나며 여러 품목의 상품에 사용된다. 패션산업에서는 시즌별로 각 브랜드의 이미지에 맞는 기본색상을 선택하며, 패션 트렌드에 맞추어 기본색의 종류와 톤을 결정한다. 일반적으로 소비자에게는 기본색의 상품구매가 유행하는 색상의 상품구매보다 더 안전하게 여겨진다.

유행색 fashion color

유행색은 시즌별로 제안된 색들 가운데 대중에게 가장 많이 선호된 색을 말한다. 유행색은 패션분야뿐만 아니라 예술, 산업, 디자인 등의 다양한 분야에서 활용된다. 패션에 있어서는 매년 시즌에 따라 유행색이 다른데, 이러한 유행색은 그 시기의 문화적인 동향과 시대감각을 반영한다. 유행색은 패션 브랜드의 상품기획에 있어서 매우 중요한 요인으로, 많은 정보와 자료를 수집하여 분석하는 단계를 거쳐 결정된다. 유행색 선정은 그 유행색을 수용하는 정도와 목표시장에 따라 다른 양상을 보이므로 기본색의 선정보다 훨씬 더 훈련된 감각과 기술을 요한다.

역사적으로 패션업체의 상품기획을 위하여 유행색을 제안하기 시작한 첫 번째 시도는 1862년 런던에서 열린 국제적인 소재박람회라고 볼 수 있다. 19세기 중반부터 합성염료가 개발되면서 다양한 색상의 직물염색이 가능해졌고, 이에 따라 새로운 색상의 소재를 선보이는 소재박람회가 런던에서 최초로 열리게 되었다. 19세기 말 미국에서는 기성복 산업이 영국보다 일찍 확립되었고, 기성복 산업의 요구에 따라 섬유, 실, 직물제조업체들은 해당 시즌보다 앞서서 유행색의 방향을 결정해야 했다. 1980년대에 들어와서는 소매업이 크게 발전하였으며, 이에 따라 목표시장을 겨냥한 마케팅과 함께 컬러 코디네이션이 마케팅 전략의 한 부분이 되어 상품기획에 있어서 유행색에 대한 정보의 수집과 분석이 필수적인 요소가 되었다.

2-9_ 국제유행색협회가 제시하는 2013 S/S 유행색

계절에 따른 색채

계절별로 자연환경에서 보이는 색들은 계절을 상징하고 연상시키는 텍스타일의 색으로 사용된다. 봄에는 분홍, 노랑, 녹색, 주황 등이 자연에서 많이 나타나므로 난색계통의 색이 봄에 어울리는 색으로 많이 쓰인다. 명도와 채도가 높은 난색이 밝고 선명하여 생동감이 있고 청결한 느낌의 봄을 표현하는데 좋다. 여름에는 뜨거운 태양과 바다, 푸르른 초목에서 느껴지는 강렬한 원색이 사용된다. 무채색으로는 흰색이 환한 느낌을 주어 여름에 어울리며, 파랑과 청록과 같은 차가운 느낌의 색과 원색의 강렬한 빨강, 주황, 연지와 같은 색도 여름을 표현하기에 좋다. 가을을 연상시키는 색상은 추수할 때의 들녘이나 단풍이 든 자연에서 보이는 색

으로, 주황, 노랑, 브라운과 같은 따뜻한 계열의 색이다. 채도를 낮추어서 차분한 느낌을 주는 색이 가을에 어울린다. 겨울에는 잿빛 도시에서 보이는 가라앉은 색과 눈이 내린 자연의 흰색 등이 연상된다. 무채색이나 채도와 명도가 낮은 빨강, 파랑, 보라 등이 겨울 분위기를 줄 수 있다. /그림 2-10/은 각 계절을 연상시키는 색과 소재를 모아 놓은 이미지들이다.

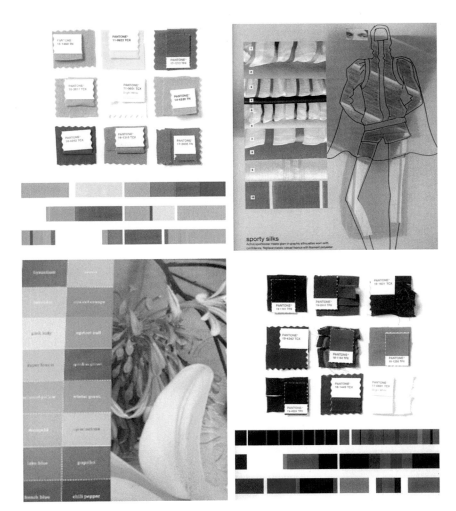

2-10_ 각 계절을 연상시키는 색들

색에 의한 트렌드 주제 표현

색이 가지는 인지적 특성과 계절적 분위기, 유행성 등을 적절하게 조합하면 패션 트렌드에서 표현하고자 하는 주제를 효과적으로 표현할 수 있다. 패션 트렌드에서 가장 빈번하게 나타나는 이미지들로는 내추럴natural, 클래식classic, 로맨틱romantic, 액티브active, 모던modern, 에스닉ethnic 이미지 등이 있다. 먼저 내추럴 이미지는 평화로운 전원 풍경이 주는 분위기로, 자연스럽고 온화하여 산업사회 이전의 세계를 상기시킨다. 인공적인 물체가 아닌 꽃과 나무, 열매, 나뭇잎 등에서 느껴지는 이미지라고 할 수 있다. 내추럴 이미지에 어울리는 색상은 노란색, 연녹색, 녹색, 갈색, 청록색 등이며, 채도가 낮은 빨간색, 물을 연상시키는 푸른색, 아이보리, 베이지, 담황색 등은 자연적인 느낌을 주는 배경색으로 쓰일 수 있다. 면, 마, 양모와 같은 천연섬유를 이용한 소재와 자연의 꽃, 풀, 나무 등을 이용한 패턴이나 수공예적인 느낌을 갖는 패턴도 내추럴 이미지를 보여 준다.

클래식 이미지의 색은 절제되고 균형 감각을 갖춘 색으로, 흰색, 회색, 검은색 등의 무채색이나 채도가 낮은 파란색이 해당된다. 명도와 채도가 낮은 톤의 베이지, 녹색, 파란색은 클래식한 분위기를 나타낸다. 텍스타일 표면이 단순하거나 무늬가 있어도 패턴이 단조로운 것이 차분한 색들과 함께 사용된다.

로맨틱 이미지는 공상적이면서 감미로운 분위기를 나타낸다. 부드럽고 사랑스러운 색상으로, 명도와 채도가 높은 밝은 빨강, 핑크, 노랑, 보라가 로맨틱 이미지에 적합하다. 프릴, 코사지, 리본 등의 장식적인 트리밍과 작은 꽃무늬 패턴 등도 낭만적인 소재로 활용된다. 실크, 브로케이드, 벨벳 등의 텍스타일이 로맨틱 이미지에 어울린다.

액티브는 활기차고 쾌활하며 자유로운 느낌을 주며 활동적이고 명랑한 이미지와 감각이 액티브 이미지에 적합하다. 채도가 높은 선명한 색상들, 강한 대비를 일으키는 배색, 서로 화려하게 충돌하는 색상의 사용으로 생동감과 동적인 이미지를 연출하는 것이 효과적이다. 액티브 이미지에는 리듬감이 강한 곡선의 움직임이 있는 무늬, 짧은 사선들의 조합, 다양한 무늬의 무작위적인 배열 등 화려한 분위기의 패턴이 효과적이다. 소재에 있어서는 면처럼 편안하고 부드러운 소재와 데님, 니트와 같은 신체 활동에 편한 소재가 액티브 이미지에 어울린다.

현대적인 분위기를 말하는 모던 이미지는 시대에 따라 지속적으로 변화하여 20세기 초 모던 이미지의 색채와 현재의 모던 이미지의 색채는 다르다. 이전에는 모던하게 여겨졌던 색이 현재에는 전통적인 이미지의 색으로, 나아가 클래식 이미지의 색으로 인식되기도 한다. 현재의 현대적인 이미지는 도회적이며 기능적인가 하면 미래지향적인 분위기의 세련된 이미지를 의미한다.

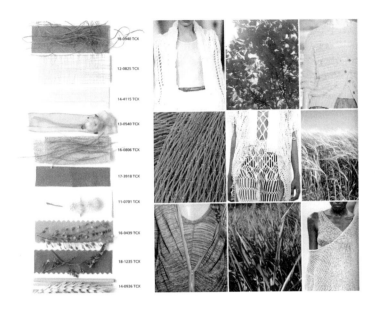

2-11_ 내추럴 이미지

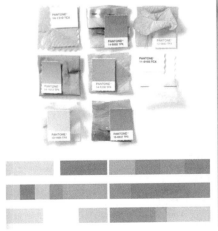

2-12_ 로맨틱 이미지

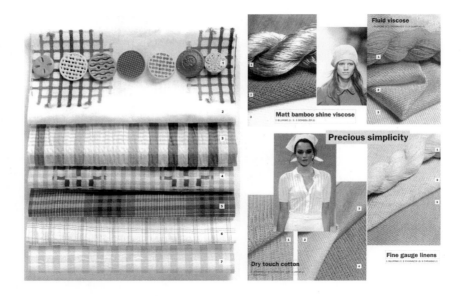

Fluid viscose

Matt bamboo shine viscose

Precious simplicity

Dry touch cotton

Fine gauge linens

2-13_ 액티브 이미지

2 패션 트렌드
Fashion Trend

패션업체는 매 시즌마다 패션경향을 예측하여 앞으로 소비자가 선택하게 될 패션제품을 기획하고 준비해야 한다. 앞으로의 패션을 직관이나 경험에만 의존하여 예측하는 데 한계가 있다. 패션동향에 관련된 각종 정보를 수집하고 분석하여 디자인의 방향을 결정해야 한다. 텍스타일 디자이너나 패션 디자이너, 머천다이저는 자사 제품의 수요에 영향을 줄 수 있는 다양한 요인들과 그에 따른 트렌드 변화에 관한 정보를 수집해야 한다.

패션 트렌드 정보의 개념

패션상품의 기획과 제작에 영향을 주는 자료를 패션정보fashion information라고 볼 수 있다. 디자이너와 의류업체의 상품개발실에서 차기 시즌의 상품을 개발하는데 가장 먼저 필요한 것이 패션정보이다. 패션정보는 기업의 경영정책과 사업전략을 수립하고 구체적으로 제품을 계획하는데 중요한 자료가 된다. 의류업체에서 패션상품을 기획할 때 필요로 하는 정보는 크게 패션 환경 정보, 패션 산업 정보, 패션 트렌드 정보 세 가지로 나눌 수 있다.

패션 환경 정보는 패션 상품의 기획과 디자인에 영향을 줄 수 있는 사회, 문화, 정치, 경제, 기술, 문화적 요인들을 말한다. 패션 산업 정보는 기업경영에 영향을 미치는 내용들로, 자사의 기업정보나 관련업체들의 현황, 목표소비자 정보 등이 포함된다. 패션 트렌드 정보는 전반적인 유행경향이나 주제, 유행색채와 패턴, 소재, 스타일 등의 동향에 관한 정보이다. 그러므로 패션 트렌드 정보는 디자이너가 새로운 상품을 개발할 때 가장 직접적인 영향을 미친다고 할 수 있다. 패션 환경 정보나 패션 산업 정보는 모두 패션 트렌드에 직접 또는 간접으로 영향을 미친다. 빠르게 변화하는 유행을 제품에 반영하기 위해 섬유 및 어패럴업체들은 매 시즌마다 다양한 정보들을 종합하여 패션 트렌드를 예측한다. 즉, 패션 정보들이 담고 있는 의미를 해석하고 이를 소재와 디자인 개발에 반영한다. 패션 디자인에 관한 아이디어는 디자이너의 직관이나 영감에서 나오기도 하지만 대부분의 패션 아이디어는 다양한 트렌드 정보들을 종합하여 얻어진다.

디자이너뿐만 아니라 머천다이저도 유행하는 스타일이나 색채, 소재에 대한 정보를 지속적으로 수집하고 분석해야 한다. 패션 트렌드 정보fashion trend information 는 패션에 영향을 주는 요인들을 정리한 패션 영향 요인fashion influence과 주요 패션 주제, 유행색채와 패턴, 소재, 스타일, 디테일, 액세서리 등에 관한 정보를 말한다. 패션 트렌드 자료들은 브랜드의 콘셉트를 정할 때, 매 시즌 상품의 스타일과 소재를 결정하거나 매장에 상품을 제시할 때 적절히 반영되어야 한다.

패션 트렌드에 영향을 주는 요인

트렌드 예측은 패션제품이나 텍스타일 소재를 디자인하는데 매우 중요하다. 패션 정보업체들은 특정 시장에 중점을 두고 이듬해, 또는 다음 시즌에 그 시장에서 나타날 수 있는 새로운 경향이나 특성을 제안한다. 유행정보업체는 과거의 유행이 무엇인지, 또 그 유행이 지속될지, 더욱 강화될지, 또는 다른 새로운 유행으로 대체될지를 관찰한다. 유행정보를 얻기 위해 정보업체들은 다양한 정보들을 활용한다. 사회, 문화, 정치, 경제, 기술, 문화적 요인들과 같은 거시 환경 속성들은 패션 트렌드의 변화에 중요한 영향을 미친다.

사회문화

정치, 경제, 환경, 기술, 가치관과 라이프스타일 등의 다양한 사회문화적 요인들은 패션 트렌드에 영향을 준다. 중국이나 인도 등 아시아 국가들의 시장개방 및 경제 급성장은 이들 국가의 국제적·정치적 입지를 향상시켰다. 이에 힘입어 글로벌 패션 디자이너들과 기업들은 아시아풍의 소재나 패턴, 컬러 등을 제안하고 있다. 디자이너들은 과거의 복식이나 다른 예술분야의 작품에서 나타나는 소재, 색상, 패턴, 디자인 라인 등을 참고하여 자신의 패션디자인에 적용하기도 한다. 알렉산더 맥퀸이나 존 갈리아노 등은 과거의 복식이나 여러 나라의 전통복식에서 아이디어를 얻어 이를 유행동향에 맞게 재해석하여 디자인을 제안하곤 했다.

경기 동향이나 소득구조 변화 등의 경제적 요인들은 패션 트렌드나 패션산업에 직접적인 영향을 미친다. 경제적 호황 시기에는 소비자의 구매력과 패션에 대한 관심 및 변화에 대한 요구가 증대되어 패션 트렌드의 변화속도가 빨라진다. 소득 양극화로 구매력이 양극화되는 오늘날의 상황에서는 패션 소재의 선택이

2-14_ 디자이너와 패션 브랜드의 동양풍 제안

패션상품의 가격대에 따라 다르게 나타날 수 있다. 그런가 하면 오늘날의 라이프 스타일 특징인 건강과 레저에 대한 관심, 업무환경의 캐주얼 추세 등은 패션디자인의 기능성과 편안함 등을 촉진시키고 있다.

신기술 개발

새로운 기술의 발달은 패션소재의 개발이나 생산방식, 판매 등의 패션산업 전반에 변화를 가져온다. 새로운 소재는 새로운 패션으로 연결된다. 듀퐁사의 탄성소재인 라이크라$_{Lycra}$는 다른 소재들과 혼방되어 스포츠웨어나 캐주얼은 물론 정장 디자인에도 사용되었는데, 신체에 밀착되어 활동성을 높여 주는 실루엣을 유행시켰다. 최근에는 유기 면이나 옥수수 섬유, 텐셀 같은 천연소재들과 다양한 염색 및 가공 기술을 통해 건강과 환경을 고려한 패션소재들이 트렌드를 주도하고 있다.

또한, 특수 소재나 컴퓨터 칩을 적용한 패션상품이 개발되어 다양한 디지털 기능을 실행하는 스마트한 패션디자인이 제안되고 있다. 아울러 컴퓨터 기술의 발달은 디자인개발과 제품생산에 적용됨으로써 패션상품 개발의 효율성을 높이고 있다. 예를 들어 나이키 플러스 운동화는 나이키와 애플이 합작하여 제작되었는데, 운동화 안창에 센서가 부착되어 착용자의 운동시간, 속도, 거리, 소모열량 등의 정보를 스마트폰으로 확인할 수 있다. 컴퓨터 기술은 통신 기술의 발달로 이어지며 소셜 네트워크 서비스$_{SNS: social network service}$를 통해 세계가 서로 연결되었고, 세계의 패션 트렌드 정보가 온라인을 통해 스마트폰과 태블릿 PC로 실시간 전달되고 있다.

2-15_ 투습발수 및 방수, 방풍 기능을 가진 초경량 아웃도어 재킷

2-16_ 나이키 플러스 운동화에 장착된 센서와 측정된 운동정보

2-17_ 중저가 Zara 원피스와 고가 Prada 가방의 착용

마케팅 환경

패션업체의 기업 활동에 영향을 주는 마케팅 환경은 지속적으로 변화한다. 수출입에 관한 경제적·법적 환경, 소비자 시장의 특성, 경쟁업체 동향 등이 주요 내용이다. 이 중에서 소비자 시장 정보는 패션상품을 기획하고 디자인하는 데 가장 중요한 영향을 미친다. /그림 2-17/은 최근 패션소비자들이 저렴한 가격을 중요시하는 가치소비와 디자인 및 브랜드 감각을 추구하는 감성소비 행동을 동시에 보여 준다.

패션 트렌드 정보의 시간적 흐름

패션 트렌드는 어패럴 상품이 매장에서 소비자에게 선보이기 약 2년 전부터 예측되기 시작한다. 그러므로 어패럴업체들은 패션예측 정보기관들이 제안하는 정보의 시기와 정보의 유형을 잘 알고 있어야 한다. /그림 2-13/은 패션정보에 대한 시간적 흐름을 보여 주는데, 의류제품이 매장에 등장하기 2년 전부터 유행색, 전반적인 주제, 소재 종류, 직물패턴, 스타일 정보 등이 제시되는 시기를 나타낸다.

트렌드 예측의 제일 처음 단계는 유행색에 관한 정보이다. 유행색에 대한 정

24개월 전	18개월 전	12개월 전	6개월 전	본 시즌
국제유행색협회 인터컬러 결정	패션 컬러 및 패션 트렌드	소재 트렌드	디자이너 컬렉션 어패럴 박람회	소비자 구입

일본 핀란드	패션 컬러	소재 정보	디자이너 컬렉션	
영국 중국	JAFCA	Premier Vision	뉴욕 컬렉션	
이탈리아 독일	CAUS	Pitti Imagine Filati	런던 컬렉션	
헝가리 한국	ICA	Filo	밀라노 컬렉션	
네덜란드 체코	Hue Point	Premierw Vision	파리 컬렉션	
스위스 프랑스	KOFCA(한국)	Idea Como		
스페인 폴란드		Moda In		
불가리아 벨기에	패션 트렌드	Prato Exo	어패럴 박람회	
루마니아 스위스	Here & There	IWS IIC	Prete-A-Porter	
오스트리아	Donegar		IGEDO	
	Nelly Rodi		Magic Show	
	Carlin		California	
	Percler		Marketweek	
	Promostyle		홍콩 패션위크	

2-18_ 패션정보의 흐름

자료_ 안광호 외 (1997), 패션마케팅, 수학사, p.136 재구성

보는 국제유행색협회라고 불리는 Intercolor International Commission for Fashion and Textile Colors에서 제공하는 경우가 많다. 인터컬러는 1963년에 발족된 국제적인 규모의 유행색 협의기관으로, 파리에 본부를 설치하고 연 2회, 우리나라를 비롯한 여러 국가에서 전문위원이 참가해 유행색에 관한 회의를 하고 유행색 정보를 발표한다. 제품판매 24개월 전에는 국제유행색협회의 회원국 전문가들이 모여 앞으로의 유행색 경향과 소비자 라이프스타일에 대한 의견을 교환한다. 회원국의 전문가들은 자기 나라에서 미리 조사된 유행색을 제안하고 이미지 사진을 통해 설명한다. 그런 다음 각국에서 제안한 색들의 공통점과 차이점을 검토하여 해당 시즌의 유행색을 결정한다.

18개월 전에는 각 국가의 색채정보기관이 자기 나라에 알맞은 색을 예측하고 텍스타일업체와 어패럴업체는 물론, 화장품, 인테리어, 가죽업체 등 유행색에 관심 있는 회원업체들에게 컬러 트렌드를 제시한다. 또한, 패션 정보업체들이 색채,

Luis Buchinho
Dégrader les neutres jusqu'au
rouge ardent, en passant
par tous les sombres chauds
en oppositions contrastées,
où une couleur intermédiaire
fait le lien entre les extrêmes.
Des harmonies complexes
où domine l'esprit graphique.
José Antonio Tenente
Neutrals shading off until flaming red passing through all the dark,
warm colours in contrasting oppositions where an intermediate
colour forms a link between extremes. Complex harmonies
where a graphic spirit dominates.
19-1762
17-1656
18-5105
19-4006
19-1726
14-4002
Carlos Miele

2-19_ 패션 정보업체가 제시하는 시즌 트렌드

Isabel Marant
19-0417
18-0939
18-0538
17-0145
15-0643
19-2524
17-1656
16-0713
14-0216
17-5110

2-20_ 색채전문기관인 Pantone에서 제시하는 유행색의 예

소재, 실루엣 등의 제품 트렌드를 제안한다. 시즌 12개월 전에는 소재에 대한 정보들이 실이나 직물 스와치 등과 함께 제공된다. 소재 박람회에서는 디자이너나 패션업체 담당자들은 자신들의 디자인이나 상품기획에 맞는 소재들을 주문한다. 시즌 6개월 전에는 세계적인 컬렉션이나 어패럴 박람회를 통해 패션상품들이 제안된다. 소매업체 바이어들은 컬렉션이나 박람회에 참가하여 자신들의 매장에 적합한 상품들을 구매한다.

패션 트렌드 정보의 출처

트렌드 정보는 패션 및 텍스타일 업체에게 매우 중요하다. 패션 트렌드 정보는 전반적인 패션 동향을 보여 주는 패션 영향 요인fashion influence과 패션 주제fashion theme, 색채color, 소재textiles, 품목item, 스타일style 등을 포함한다. 패션 관련업체는 변화하는 트렌드를 고려하여 자사의 목표고객에게 적합한 디자인과 스타일을 제안해야 한다. 트렌드에 대한 정보는 다양한 유행색협회나 전문 정보업체, 소재박람회에서 제시되며, 패션 디자이너와 브랜드의 컬렉션이나 어패럴 박람회, 패션잡지 및 온라인 매체로 제공된다.

유행색협회

원단을 제작하는 텍스타일업체들은 어패럴 제조업체들보다 먼저 유행색을 알아야 한다. 가까운 시기에 유행할 색상이나 톤에 대한 정보를 제공하기 위해 미국에서는 1915년에 The Color Association of the United StatesCAUS가, 영국에서는 1931년에 The British Colour CouncilBCC이 설립되었다. 1963년에는 파리에 국제유행색협회ICA: International Color Association, 즉 인터컬러Inter Color가 창설되었다. 인터컬러는 세계 회원국들로부터 수집한 유행색 정보를 토대로 패션상품 판매시즌보다 2년 정도 앞서 매년 2회에 걸쳐 Spring/Summer와 Fall/Winter 시즌을 위한 색채정보를 제안하고 있다. 우리나라는 1992년에 한국패션컬러센터KOFCA: Korea Fashion Color Association가 만들어져 국제유행색협회의 회원이 되었다. 각국의 패션업체와 패션 정보기관은 국제유행색협회나 세계적인 색채전문기관(예 : Hue Point, Pantone)에서 제공하는 유행색 관련 자료들을 모아 자사 브랜드의 특성이나 고객 취향에 맞게 선택하여 패션상품에 적용한다. 오늘날 Zara나 H&M, Uniqlo, Forever21,

Topshop 등의 글로벌 패션 소매업체들은 이전보다 빠른 속도로 유행 스타일을 만들어 내고 있다. 따라서, 이들 패션업체들의 패션 상품기획과 마케팅에서 유행색 정보분석은 매우 중요한 업무가 되었다.

패션정보업체

전문적인 패션정보 기관에서는 전체적인 유행 경향과 그 요인들을 확인하고 색채와 소재, 스타일, 디테일, 액세서리 등에 대한 정보를 제안한다. 트렌드 정보업체는 패션업체들을 대상으로 특정 소비시장의 구매행동의 변화를 설명하고 다음 시즌 또는 이듬해에 유행될 내용을 예측해 준다. 프랑스의 페클러Percler, 프로모스틸Promostyle, 미국의 히어앤데어Here & There, 도네거 크리에이티브 서비스Doneger Creative Service, 퍼스트뷰Firstview, 일본의 카네보Kanebo, 한국의 삼성디자인넷 등이 종합적인 패션정보를 제공하고 있다.

이들 정보업체들은 섬유, 여성복, 남성복, 아동복 및 액세서리 트렌드 정보를

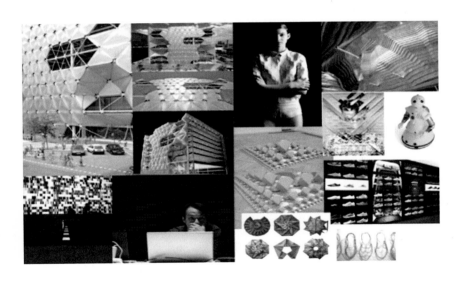

2-21_ 텍스타일 트렌드에 영향을 주는 다양한 영역의 이미지

2-22_ 패션정보업체에서 염색된 실을 통해 보여 주는 시즌별 유행색(trend color)

인쇄물이나 온라인 자료로 고객 회사에 설명한다. 최신 판매정보를 주 단위로 제공하는 정보 서비스도 있다. 뉴욕에 있는 리테일 리포팅 뷰로Retail Reporting Bureau는 매주 인기상품과 매장별 매출 상위 상품을 소개하고 차기 시즌의 트렌드 주제와 스타일, 직물, 색채, 최신 상품 공급업체도 알려 준다.

2-23_ 도네거 그룹의 패션 트렌드 서비스

소재 박람회

세계 각지에서 열리는 소재 박람회에서는 유행 콘셉트나 컬러, 소재에 관한 정보를 제공한다. 잘 알려진 소재 전시회나 기관으로는 프랑스의 프리미에르 비종Premiere Vision, 이탈리아의 이데아 코모Idea Como, 모다인Moda In, 독일의 인터스토프Interstoff, 중국의 프리뷰 인 상하이Preview in Shanghai, 한국의 프리뷰 인 서울Preview in Seoul 등이 있다. 또한, 국제양모사무국International Wool Secretariat이나 미국면화협회Cotton Council International 등의 판매업체에서는 판촉을 위해 특정 섬유의 소재정보를 제공한다. /표 2-1/은 패션 텍스타일에 대한 정보를 제공하는 세계적인 박람회를 소개하고 있다.

프리미에르 비종Premiere Vision은 1974년 프랑스 리용의 15개 소재업체가 파리에서 전시회를 개최한 것으로 시작하여 오늘날 텍스타일 소재에 관한 세계적인 전시회가 되었다. 파리에서 매년 2회 열리며 835개 이상의 소재업체가 참가하고 4만 명이 넘는 참관자들이 모인다. 이데아 비엘라Idea Biella는 울, 실크, 면 등의 고급 남

표 2-1_ 패션 텍스타일 관련 주요 박람회

전시내용	박람회(장소)
Textile & yarn	Premiere Vision(파리), Texworld(파리). Expofil(파리), Idea Biella(밀라노), Moda In(밀라노), Idea Como(밀라노), Tissus Premier(릴, 프랑스), Pitti Immagine Filati(피렌체), Filo(밀라노), Dallas Fabric Show(달라스), Texworld USA(뉴욕), Interstoff Asia Essential(홍콩)
Fur & Leather	IFF(International Fashion Fair, 동경), Mifur(밀라노), Le Cuir a Paris(파리), NAFFEM(North American Fur & Fashion Exhibition, 몬트리올)
Apparel	Haute Couture & Pret-A-Porter collection (뉴욕, 파리, 밀라노, 런던, 도쿄, 홍콩)

성복 소재 전시회로, 남성복 바이어 및 디자이너들이 세계 각지에서 방문한다. 모다인Moda In은 1984년에 밀라노에서 시작된 모직물 소재 전시회로, 요즘은 상품품목별(예 : 셔츠, 레저, 액세서리, 팬시)로 텍스타일을 제시하며, 스포츠 캐주얼, 레저웨어, 여성복, 유아복 등은 물론 패션부자재도 소개하고 있다. 이데아 코모Idea Como는 이탈리아 코모 지역의 실크소재업체를 중심으로 시작된 세계적인 고급 소재 전시회로, 실크, 모, 마, 면, 혼방, 레이온 등이 주요 전시품이다.

2-24_ 패션업체의 소재실

2-25_ 2012/13 F/W 프리미에르 비종
소재 박람회

패션 컬렉션

유행 스타일에 대한 정보는 국제적인 디자이너들의 컬렉션이나 의류 박람회에서 소개된다. 파리, 밀라노, 런던, 뉴욕, 도쿄 등지의 유명 디자이너 컬렉션에서 제시하는 스타일들은 전세계 의류업체들의 제품 스타일에 영향을 준다. 소매업체의 바이어들은 주요 패션 도시에서 개최되는 유명 디자이너 브랜드의 컬렉션, 세계적인 어패럴 박람회를 통해 최신 트렌드 정보를 입수하기도 한다. 세계의 주요 패션 도시에서 열리는 컬렉션에서는 판매 시기보다 1년 또는 6개월 앞서 어패럴 스타일을 제안하므로 각국의 컬렉션과 어패럴 박람회 내용을 분석하면 새로운 트렌드를 확인할 수 있다.

세계 4대 패션 도시에서 개최되는 프레타포르테Pret-A-Porter는 파리의 오트쿠튀르Haute couture와 함께 양대 패션 컬렉션이다. 오트쿠튀르는 고급 맞춤복을, 프레타포르테는 고급 기성복을 의미한다. 오트쿠튀르 디자이너나 프레타포르테에 참여하는 기업들이 시즌에 앞서 발표하는 패션쇼를 컬렉션collection이라고도 하며, 보통 1년에 2번 봄/여름S/S, 가을/겨울F/W 시즌을 겨냥하여 열린다.

오트쿠튀르 컬렉션이 디자이너의 독창성이나 창작성을 홍보하는 쇼인 반면, 프레타포르테 컬렉션은 일반 소비자들이 입을 수 있는 판매 가능한 디자인들이 주로 발표된다. 뉴욕, 런던, 밀라노, 파리에서 연 2회 열리는 프레타포르테 컬렉션은 세계 4대 컬렉션으로 불리며 세계 패션 트렌드를 이끌어 가고 있다. 디자이너들의 컬렉션이 발표되는 1주일 정도의 주간을 패션위크fashion week라고 한다. 패션위크는 2월F/W과 9월S/S 2차례 열리며, 뉴욕을 시작으로 런던, 밀라노, 파리 순으로 개최된다. 프레타포르테 컬렉션이 끝나면 전 세계 바이어들이 컬렉션에서 소개된 옷들을 미리 구매할 수 있다. 프레타포르테 컬렉션의 판매효과가 매우 크기 때문에 2000년대 이후에는 프레타포르테에 참여하는 오트쿠튀르 디자이너들도 늘어나고 있다. 오트쿠튀르는 거의 없어지는 추세이며, 샤넬은 쿠튀르 쇼와 프레타포르테 쇼를 따로 연다.

뉴욕을 대표하는 디자이너로는 마크 제이콥스Mark Jacobs, 베라 왕Vera Wang, 작 포센Zac Posen, 캘빈 클라인Calvin Klein, 도나 카렌Dona Karen, 마이클 코어스Michael Kors, 안나 수이Anna Sui, 질 스튜어트Jil Stuart, 필립 림Philip Lim, 피터 솜Peter Som, 알렉산더 왕Alexander Wang, 프로엔자 스쿨러Proenza Schouler 등이 있다. 런던의 쇼는 젊은 디자이너들의 실험정신과 독창성이 돋보이는 컬렉션이 주를 이룬다. 파리의 컬렉션은 작품성 위주의 오트쿠튀르와 상업적인 프레타포르테 쇼로 나누어진다. 샤넬을 필두로 하여 루이뷔통, 비비안 웨스트우드, 발렌티노, 까사렐, 임마누엘 웅가로, 크리스티앙 디오르 등의 컬렉션이 있다. 밀라노 컬렉션에는 버버리 프로섬, 아르마니, 펜디, 모스키노, 알렉산더 맥퀸, 돌체&가바나, 구찌, 베르사체, 질샌더, 미소니, 보테가 베네타, 프라다 등이 참가한다.

2-26_ 샤넬의 2012 오트쿠튀르 컬렉션

의류소재 외에도 인테리어 소재로 사용되는 텍스타일들 역시 새로운 소재 동향을 보여 주는 중요한 정보이다. 메종&오브제Maison & Object Paris는 매년 1월과 9월에 파리에서 열리는 세계 최대 규모의 홈 텍스타일 전시회로, 3천여 개 업체들과 8만 명 이상의 바이어가 참가한다.

2-27_ 파리 프레타포르테 전시장

2-28_ 파리 메종&오브제 전시회

패션잡지

일반 소비자들을 대상으로 하는 패션잡지들은 패션 트렌드를 보여 주는 유용한 자료가 된다. Vogue, Elegance, Collections, Glamour, Harper's Bazar, Esquire, GQ, Arena 등의 잡지들은 세계 각 지역의 패션 브랜드 상품과 일반인들의 스트리트 패션을 보여 줌으로써 다음 시즌의 트렌드를 계획하는 데 참고가 될 수 있다.

2-29_ View winter 2009(88). p.79

온라인 매체

온라인 매체가 발달한 21세기 사회에서는 트렌드 정보들이 인쇄물이나 실물제품
뿐만 아니라 컴퓨터나 스마트폰, 태블릿 PC 등의 온라인 매체에 실시간으로 소개
되고 있다. 덕분에 트렌드 정보업체의 자료나 각국의 컬렉션 및 패션 박람회 내용
들을 온라인으로 편하게 살펴볼 수 있다. 글로벌 패션 브랜드들은 자사 홈페이지
에 기업소개는 물론 새로운 컬렉션 동영상과 시즌 콘셉트 및 새로운 스타일 등을
소개하고 있으며, 고객 커뮤니티에 자사 패션제품의 착용 이미지를 올리도록 하
고 있다. 또한, 패션 전문가가 개인의 웹페이지에 패션 트렌드 정보를 올려 놓기도
한다. 사진작가인 닉 나이트Nick Knight는 쇼스투디오닷컴www.showstudio.com에 패션쇼
영상은 물론 디자이너들의 컬렉션 준비과정 동영상과 디자이너와의 인터뷰 자료,
패션 관련 전시회 등을 소개하고 있다.

2-30_ 인터넷을 통한 패션쇼 및 패션
트렌드 정보 제공

인터넷 소셜 네트워크인 블로그나 카페는 새로운 트렌드 정보원으로, 패션업
계는 물론 일반 소비자로부터 각광 받고 있다. 패션에 남다른 관심이 있는 개인이
운영하는 블로그는 각종 패션 컬렉션이나 유명인들의 패션 스타일에 대해 개성
있는 평가를 올리고 있으며 지역별 스트리트 패션을 소개하여 인기가 높다.

사토리얼리스트www.thesartorialist.com는 파리, 런던, 뉴욕, 밀라노 등 세계 패션 중
심지의 스트리트 패션과 컬렉션 현장을 매일 소개함으로써 방문자들은 세계 트렌
드 동향을 빨리 확인할 수 있다. 이 블로그의 운영자인 스콧 슈먼Scott Schman은 미
국 타임지에서 선정하는 100대 'design influencers디자인 분야에서 영향력 있는 인물'로 뽑힐
만큼 패션 디자인계에 새로운 바람을 불러일으킨 인물이다. 스콧 슈먼은 미국 인
디애나대학교에서 의류상품학을 전공하고 뉴욕 패션계에서 일을 하다가 자신의

2-31_ 패션 블로거들의 사이트

패션 블로그 '사토리얼리스트'를 통해 전 세계 주요 길거리 패션을 조명해 오고 있다. 브라이언 보이www.bryanboy.com는 디자이너 컬렉션을 실시간으로 보며 날카로운 비평을 함으로써 영향력 있는 블로거가 되었다. 인터넷에서 인기가 높아짐에 따라 패션 블로거들은 세계적인 디자이너나 패션전문가들의 패션행사에 초대되고 있다.

어패럴업체의 트렌드 정보 활용 사례

/그림 2-32/는 패션정보업체가 새로운 시즌에 유행할 색과 소재, 프린트 패턴 및 스타일들을 제안하는 예를 보여 주고 있다. 어패럴업체들은 이러한 트렌드 정보를 참고하여 자사 브랜드 콘셉트와 이미지에 맞는 디자인을 개발한다.

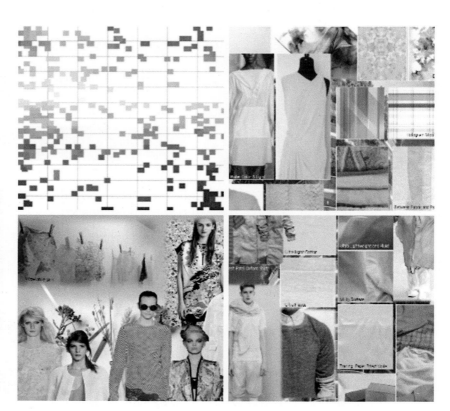

2-32_ 패션 트렌드 정보가 색채, 소재, 스타일로 표현된 예

다음에 제시되는 /표 2-2/는 어떤 여성복업체가 패션정보업체로부터 차기 시즌의 일반적인 패션정보를 얻은 다음 자사의 브랜드에 맞게 적용한 사례이다. 시즌의 주제와 색채, 소재, 스타일(실루엣) 별로 제공된 정보들이 여성 어패럴 상품에 구체적으로 어떻게 적용될 것인지를 제안하고 있다.

표 2-2_ 일반적인 유행동향을 특정 브랜드 트렌드에 적용한 사례

	일반적 트렌드	브랜드 트렌드
주제	·소재의 경량화 고급화 ·Minimal & simplicity 강조 ·futuristic humanism ·자연스러운 natural 감각 수용	·얇은 silk, linen 등 천연소재 사용 ·디테일을 최소화한 design ·bio, techno 강조한 기능성 소재 ·natural floral pattern
컬러	·glossy하고 인공적인 white 계열 ·white race 와 neon color의 조화 ·shiny 소재에서 나타나는 독특한 컬러감 ·sheer 소재들의 layering으로 신비한 컬러 연출	·white를 비롯한 light tone color 부각으로 washed-out neutral, mild pastel 등 가벼운 color가 주가 됨. ·point color : candy color ·sand, khaki 등의 모던한 color와 반짝거리는 복고적인 color가 공존 ·tone on tone coordination 강조
소재	·여름이 길어지고 계절구분이 모호해짐에 따라 가벼운 소재가 중요해짐. ·얇고 가벼운 느낌의 가죽, 데님 ·내추럴 소재에 대한 관심 증가 ·clean한 표면에 고급스러운 자카드 무늬가 첨가되어 변화를 유도	·silk chiffon, organza, satin ·hazy denim, leather of summer ·raw linen, floral printed ·fluid jersey, ultra fine knit ·luxe jaquard, delicate crafted fabric
실루엣	·유연한 실루엣, 가벼운 볼륨감 ·편안하고 자연스러운 스타일 ·파자마 드레싱 등장 ·로맨틱 스타일을 모던하게 제안 ·미니부터 긴 길이까지 다양한 길이	·light trench, shrunken blazer ·ultra fine cardigan ·toga dress, sack dress ·palazzo pants, fluid pleats skirt ·mini skirt, long hobo blouse

패션디자이너들은 구체적인 상품을 개발하기 위해 각 품목별 디자인 스케치와 함께 사용할 텍스타일 소재 샘플을 부착한다/그림 2-33/.

2-33_ 패션상품 개발과정에 사용되는 소재 제시의 예

Fabric &
Design Development

CHAPTER 3
소재와 디자인 개발

소재는 의복의 실루엣을 만들어 낼 뿐만 아니라 디자인에 톤을 부여하여
컬렉션의 중심축을 이룬다. 패션 디자이너는 소재 특성과 디자인과의
조화를 고려하여, 컬렉션의 주제에 따라 다양한 중량과 텍스처의 소재를
선택한다. 패션 컬렉션을 구성할 때는 각 아이템의 컬러, 소재, 실루엣,
분위기 등을 연관시켜 크로스 코디네이션이 가능하도록 한다.

1 소재와 디자인 개발

소재를 중심으로 논한다면 패션 디자인은 이차원적인 소재를 어떻게 삼차원의 의복으로 형상화할 것인가에 관한 계획이라 할 수 있다. 소재와 실루엣을 조화시키는 데에는 많은 연습과 경험이 필요하다. 가로세로 5 내지 10센티미터의 스와치로는 그 소재가 재단되어 의복으로 완성되었을 때의 모습을 상상하기 어렵다. 따라서, 디자인을 스케치하기 전에 원단을 두루마리에서 풀어 펼쳐 놓고 만져보거나, 드레스폼dress form 위에 걸쳐 놓고 대략적인 실루엣을 만들어 보는 'mock draping'을 통해 소재에 적합한 볼륨, 드레이프, 구성 등을 결정하고 소재의 중량과 드레이프가 조화를 이루는지 확인해야 한다. 특히 표면에 프린트 등 패턴이 있을 경우 인체에 대한 패턴의 상대적인 크기를 확인하는 것은 필수적이다. 드레

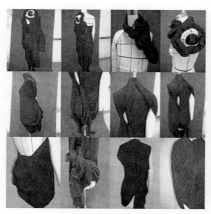

3-1_ mock draping의 예

스폼에 직접 원단을 걸쳐 보고 입체적으로 제작하는 방식을 통해 소재의 특성과 물성에 대한 이해를 높이는 것은 디자인 개발 시 중요한 과정이다.

디자인 개발 시 고려할 점

소재는 의복의 실루엣을 만들어 내고 디자인에 주요한 톤을 부여하여 컬렉션에 뼈대를 제공한다고 할 수 있다. 의복의 실루엣과 연계한 창의적이고 감각적인 소재의 활용은 토털 룩을 창조하는 데 있어 주요한 요소가 된다.

소재의 중량을 다양하게 구성하라

소재를 중심으로 컬렉션을 기획할 때에는 다양한 중량과 텍스쳐를 조합한다. 소재의 다양성을 통해 구조적인 테일러드 실루엣에서 유동적이고 유기적인 라인까지 아우를 수 있기 때문이다. 예를 들어, 컬렉션을 무채색의 테일러드 실루엣으로 시작하여 텍스쳐 중심의 명확한 실루엣으로 전개하다가, 부드러운 칵테일드레스나 이브닝웨어로 마무리할 수 있다. 이 외에도 제한된 또는 한 가지 컬러를 사용하는 경우에는 텍스쳐와 중량 외에도 솔리드solid, 패턴, 프린트의 적절한 조합으로 컬렉션에 역동성을 부여할 수 있다.

3-2_ 다양한 중량의 소재로 구성된 컬렉션

다양한 중량의 소재를 포함하여 소재를 구성하면 컬렉션의 실루엣과 구성이 단조로워지는 것을 방지할 수 있다. 컬렉션의 주된 실루엣은 테일러드tailored 또는 드레이프draped 실루엣 중 하나로 정한다고 하더라도 소량의 아이템에 그 반대의 실루엣을 적용하면 오히려 메인 실루엣을 강조하는 효과를 거둘 수 있다. 종종 디자이너들은 같은 의복 구성 패턴을 서로 다른 중량의 두 가지 소재로 제작하여 실루엣에 색다른 분위기를 더하기도 한다. 예를 들어, 같은 의복 패턴의 트렌치 코트를 하나는 빳빳한 면 개버딘으로 제작하여 데이웨어로 구성하고, 또 하나는 실크 샤뮤즈charmeuse로 재단하면서 비율과 디테일을 수정하여 이브닝웨어로 연출할 수 있다. 이로써 서로 다른 소재로 재단된 두 디자인은 별개의 디자인으로 인식되면서도 컬렉션의 일관성을 유지하고 의복 패턴 개발과 관련된 비용효율은 높일 수 있다.

3-3_ 복잡한 구성과 단순한 소재의 조화

소재와 디자인을 조화시켜라

소재의 특성과 실루엣을 동시에 강조하면 두 가지 요소가 서로 경쟁적으로 작용하거나 충돌하여 디자인의 초점을 모호하게 만들 수 있다. 소재의 특성을 강조하고 실루엣을 보조적으로 사용하거나, 실루엣을 지배적인 디자인 요소로 사용하고 소재를 부가적으로 활용하는 것이 적절하다.

디자인의 구성이 복잡할수록 기본적인 소재를 사용하는 것이 좋다. 절개선과 구성이 난해한 경우에는 소재를 디자인의 초점으로 삼기보다는 소재가 실루엣을 지지하는 역할을 하도록 한다. 예를 들어 의복의 구조에 초점을 맞추는 디자인의 경우에 파일 직물 등 보송보송한 텍스쳐의 소재를 사용하면 절개선이 가려지므로 피한다. 또한, 절개선이 독특하고 복잡한 디자인에 울퉁불퉁한 표면의 두꺼운 울 부클레boucle를 사용한다면 그 감각적인 절개선은 소재의 두께와 질감으로 인해 가려질 것이다. 상침top stitching, 턱tuck, 스모킹Smocking 등의 디테일을 강조하는 디자인에는 텍스쳐가 독특한 소재의 사용을 피한다. 반대로 화려한 프린트나 비즈로 표면이 장식된 소재는 그 자체가 지배적인 디자인 요소가 될 수 있으므로 정교하게 드레이프된 실루엣보다는 단순한 구성의 디자인에 더 적합할 것이다.

3-4_ 복잡한 소재와 단순한 구조의 조화,
Kenzo

3-5_ 테일러링과 드레이핑의 조화

소재의 물성에 대한 이해를 기본으로 하라

소재의 특성을 무시하고 억지로 원하는 형태를 만들어 내려고 하는 것은 바람직하지 않다. 소재의 물성에 대한 이해를 기반으로 자연스러운 효과를 활용하는 것이 효과적이다. 예를 들어 실크 샤뮤즈와 같은 광택이 있고 부드러운 소재로 드레이프를 통한 볼륨을 만들면 빛이 반사되면서 그 효과가 극대화될 수 있으며, 시폰과 같은 가볍고 비치는 소재를 이용하여 풍성한 볼륨을 만들면 실루엣을 더욱 가볍게 보이도록 연출할 수 있다.

소재의 중량과 핸들handle은 의복에 형태를 부여하고 드레이프에 영향을 미쳐 의복의 실루엣을 좌우함을 명심해야 한다. 예를 들어 실크 시폰은 울 멜튼 소재보다 드레이핑 성능이 우수한 데 비해, 두터운 울 소재는 의복의 구조를 잘 드러낸다. 두꺼운 소재로는 플리팅이나 드레이핑을 시도하는 것보다는 간결한 테일러드 룩을 디자인하는 것이 적합하다. 부드럽고 드레이퍼리한 소재로는 테일러링 디자인을 하기보다는 루싱ruching이나 드레이핑으로 부드러운 주름을 강조하는 것이 조화롭고, 디자인이 조각적이고 건축적일 경우에는 보우닝boning이나 인터페이싱interfacing 등의 하부구조에 의존하기보다는 소재 자체로 형태를 유지할 수 있도록 소재를 선정하는 것이 바람직하다. 이와 같이 소재 고유의 중량과 드레이프에 적합한 디자인을 선택하도록 한다.

소재의 활용을 통해 고정관념을 깨라

앞서 언급한 바와 같이 각각의 소재가 적용되는 아이템은 일반적으로 정해져 있지만, 때로는 창의적인 디자인 전개를 위해서 그 경계를 넘나들 수 있어야 한다. 예를 들어 이브닝드레스에 많이 사용되는 실크 시폰을 데이웨어에도 적용할 수 있으며, 아웃도어웨어에 자주 사용되는 패딩 소재로 이브닝드레스를 구성하거나 진jeans 의류의 대표적인 소재인 데님을 칵테일드레스에 활용하여 소재 선택에서의 고정관념을 깨는 패션 디자인을 전개할 수 있다.

3-6_ Watanabe 2002 S/S 컬렉션 ◁

3-7_ 양말 스웨터, Margiela 1991 F/W 컬렉션 ▷

소재와 디자인의 관계에 대한 전통적인 방식에 도전하는 대표적인 예로 해체주의 패션deconstruction fashion을 들 수 있다. 1980년대와 1990년대에 해체주의라는 패션의 구조를 바꾼 새로운 트렌드가 확산되었다. 프랑스 철학자 쟈끄 데리다Jacques

Derrida의 글에서 출발한 해체주의는 부재하는 텍스트도 분석 가능하다는 문학비평에서의 새로운 접근 방법으로, 문학에서는 감추어져 있거나 대안적인 의미를 찾는 것을 의미한다. 이 경향은 현대미술과 건축뿐만 아니라 패션에도 영향을 미쳤다. 건축에서의 해체주의는 더 이상 형태가 기능을 따르는 것이 아니라 새로운 기능을 표현하는 다양한 형태를 함축한다. 해체주의 건축가들은 기존에 수용된 양식에 모순되거나 대안적인 디자인을 추구한다. 패션 디자인에서의 해체주의는 패션의 전통적인 의미와 구조에 도전하는 것으로, 대표적인 디자이너로는 레이 카와쿠보Rei Kawakubo, 준야 와타나베Junya Watanabe, 마르탱 마르지엘라Martin Margiela, 빅터 & 롤프Victor & Rolf 등이 있다.

해체주의 패션에서는 전통적인 패션관습에서는 항상 감추어져 왔던 솔기나 안감 등 의복의 내부를 겉으로 드러나게 하거나, 칼라, 소매, 여밈 등의 위치를 엉뚱한 곳으로 이동시키거나 밑단 처리를 하지 않는 등 의복을 미완성으로 보이게 한다. 또, 전통적인 소재와 디자인의 조화에 역행하여 이를 디자인의 초점으로 삼게 된다. 예를 들어 준야 와타나베는 데님으로 이브닝드레스를 제작하였고, 마르지엘라는 양말 여러 켤레를 해체하여 스웨터로 재조합하기도 했다.

전통적인 소재와 디자인의 결합을 추구할 것인가, 그 반대의 결합으로 고정 관념을 해체하여 독창성을 추구할 것인가는 컬렉션의 주제와 연관지어 결정해야 한다. 단, 전통적인 관점으로 양립할 수 없는 소재와 디자인의 결합을 추구하는 경우에는 그 디자인의 의도를 명확하게 드러내어 디자이너의 미숙함이나 실수로 보이게 해서는 안 된다.

3-8_ 패딩 소재를 활용한 이브닝드레스

소재별 디자인 개발

스트라이프, 체크, 플래드 패턴

스트라이프는 줄무늬를 일컫고, 체크check와 플래드plaid는 모두 줄무늬가 수직으로 만나서 만들어 내는 패턴을 말한다. 일반적으로 단순한 스트라이프가 교차하여 만들어 내는 패턴을 체크, 여러 개의 복잡한 스트라이프가 교차하는 패턴을 플래드라고 부른다. 선염 스트라이프와 체크 및 플래드 소재는 패턴이 그레인의 방향을 드러낸다는 공통점이 있다.

스트라이프의 경우 그레인의 방향에 따라 스트라이프의 방향이 결정되고 다트나 절개선에 의해 스트라이프가 끊어지므로 특히 배치에 주의해야 한다. 요크, 커프스, 치마허리 등 기능적인 이유로 크로스 그레인으로 재단되는 경우 자연히 스트라이프 방향은 바뀌어 나타난다. 개더링과 플리팅에 의해서도 스트라이프의 외관은 달리 나타난다. 스트라이프의 방향을 대각선으로 돌려 절개선에서 대칭으로 매칭하여 V자 모양_{chevron}을 형성하거나 다이아몬드 형을 이루게 할 수도 있으며, 바이어스 재단으로 스트라이프를 사선으로 배치할 수도 있다. 스트라이프 플레어 스커트의 경우에는 앞 중심선의 식서 방향에 따라 스트라이프의 진행 방향이 바뀐다. 이와 같이 스트라이프 소재는 재단 방법과 연결하여 디자인된다.

불가피하게 절개선에 의해 부분적으로 스트라이프의 연결이 끊어질 경우, 의복의 어느 부분에서는 스트라이프가 연결되게 할 것인지를 디자인 단계에서 정해야 한다. 스트라이프의 매칭은 의복제작의 수준을 드러내기도 한다. 고급 테일러드 슈트에서는 스트라이프나 체크를 사용할 때 패턴의 정교한 배치로 스트라

3-9_ 절개선을 활용한 스트라이프의 응용, Yeohlee

3-10_ 스트라이프의 방향을 활용한 드레스, Elaine Kinney ◁

3-11_ 다양한 스케일의 깅엄의 조합. Danielle Scutt ▷

이프나 체크의 매칭을 중시한다. 특히 앞과 뒤의 중심선, 여밈, 칼라와 네크라인의 연결 부위, 소매와 진동의 연결 부위, 커프스와 소매의 연결 부위 등에서 눈에 띄므로 주의한다. 이상에서 언급한 스트라이프 디자인 개발의 요소는 체크와 플래드에도 모두 적용된다. 또한, 플리츠나 턱을 부분적으로 이용하면 스트라이프나 체크의 패턴이 다르게 나타나므로 한 가지 소재로 두 가지 효과를 얻을 수 있다.

다양한 패턴의 조합에 초점을 맞출 때에는 비슷한 스케일이나 컬러의 스트라이프나 여러 종류의 체크를 혼합하여 디자인하기도 한다.

3-12_ 절개선에서의 플래드 패턴의 매치, Alexander McQueen

기타 패턴

프린트, 자카드, 브로케이드 등 표면에 패턴이 있는 소재의 경우에는 의복으로 제작되었을 때 인체에 대한 패턴의 상대적인 비율을 고려해야 한다. 초보 디자이너들은 소재를 스와치로만 보다가 원단을 드레스폼 위에 걸쳐 놓고 보면 스와치로 보았을 때보다 패턴이 더 작아 보여 당황하는 경우가 종종 있기 때문이다. 또한 패턴을 의복의 어느 부분에 배치할지를 고려하고, 소재의 패턴 사이즈와 의복의 사이즈와의 조화에 관해 생각한다. 특히 큰 스케일의 패턴이나 흐르는 방향이 있는 패턴은 배치에 주의를 기울여야 하며, 때로는 특정 부위에 패턴을 배치하기 위해 더 많은 양의 원단이 소요될 수 있다는 것을 염두에 두어야 한다.

패턴을 의복에 대칭으로 배치하고자 할 때도 재단 시 세심한 주의가 필요하다. 특정한 솔기에서는 패턴의 모티프가 매치되는 것이 중요하기 때문이다. 패턴을 배치할 때는 특히 앞과 뒤의 중심선과 여밈 부분, 소매와 바디스bodice가 만나는 진동 부위 중 특히 버스트라인의 연장 부분에서의 모양에 신경을 쓸 필요가 있다.

디자인에 패턴 소재를 적용할 때는 한 가지 패턴에 스케일이나 컬러웨이에 변화를 주어 다양하게 표현한 소재들을 함께 사용하기도 하고, 때로는 배경과 무늬의 컬러를 반전시킨 패턴을 함께 이용한다. 여러 종류의 패턴을 한 그룹에 사용할 때에는 통일성과 조화를 위해 소재의 섬유구성, 중량과 드레이프, 컬러 중 하나 이상의 요소를 통일하는 것이 일반적이다. 다른 방법으로는 대응관계에 있는 패턴을 혼합할 수 있다. 예를 들어, 스케일에 있어 서로 대응관계에 있는 패턴, 즉 큰 패턴과 작은 패턴을 섞거나 직선과 곡선, 플로랄과 윈도우패인windowpane 등을 조합할 수 있다.

3-13_ 프린트, Missoni

니트

일반적인 직물보다 착용감이 우수하고 관리가 용이한 장점을 갖춘 니트는 캐주얼한 티셔츠에서 우아한 이브닝드레스까지, 기본적인 카디건에서 아방가르드한 아이템까지 다양한 가격대, 연령대, 라이프스타일, 디자인 콘셉트를 아우르는 다용도의 소재이다. 니트웨어는 그 신축성으로 인해 적은 수의 의복구성선을 필요로 하며 슬림한 핏부터 건축적인 실루엣까지 구현이 가능하다. 니트는 특히 컬렉션에서 모티프와 컬러의 다양성을 추구할 때 효과적으로 사용되는 소재이다. 니트웨어는 TSE, 미소니Missoni, 소니아 리키엘Sonia Rykiel 등의 브랜드에서는 대표적인 상품 카테고리를 이룬다.

니트웨어를 디자인할 때는 직물과는 다른 니트의 전문용어, 개념, 테크닉 등 그 특성에 대한 이해가 기본이 되어야 한다. 기계 니트machine knit에는 길이 방향으로 편직된 소재를 재단하고 봉제하여 만드는 컷 앤 소우cut-and-sew 니트, 스티치를 늘리거나 줄임으로써 각각의 의복패턴의 형태를 만들어 편직한 후 조합하여 재단을 거치지 않고 봉제하는 풀리 패션드fully-fashioned 또는 스웨터 니트sweater knit, 그리고 솔기가 없게 제작되는 무봉제 니트가 있다. 풀리 패션드 또는 스웨터 니트웨어에서는 디자인이 원사 선택부터 시작되므로 소재선정과 디자인이 동시에 진행되며, 전형적인 의복 패턴에서 벗어나는 독창적인 형태와 실루엣을 시도해 볼 수 있다. 기계 니트 외에도 홈메이드home-made의 느낌을 줄 수 있는 핸드 니트hand-knit

3-14_ 니트웨어 디자인을 위한 리서치

는 두꺼운 스웨터나 케이블 스티치가 포함된 디자인에서 효과적으로 사용된다.

직물과는 다른 니트의 특성을 표현하는 케이블, 체인, 브레이드 등의 다양한 니트 조직, 원사의 종류에 따른 재질감, 고무단rib, 크로셰crochet, 상침, 바이어스 테이핑 등 마감방법, 게이지에 따른 조직감 등을 활용하는 것이 니트 디자인의 핵심이다.

시스루 see-through

시폰, 오건디organdy, 오간자organza, 거즈gauze, 보일voile, 조젯georgette 등의 비치는 시스루 소재로 디자인할 때에는 통솔French seam이라는 솔기처리 방식을 사용하는 것이 좋다. 시스루 소재는 안쪽에서 마감한 솔기 부분이 겉에서 그대로 비치며 솔기의 올이 잘 풀리는 단점이 있으므로 깔끔하게 마무리하는 것이 중요하기 때문이다. 통솔은 소재의 안쪽끼리 마주하여 봉제한 후 솔기 끝을 감싸 다시 겉쪽끼리 마주하고 봉제하여 솔기가 겉으로 드러나지 않게 하는 솔기처리 방식이다. 통솔은 구조와 장식의 역할을 동시에 한다고 할 수 있다.

시스루 소재가 커프스, 칼라, 플래킷placket, 요크, 주머니, 단, 솔기 등에 쓰일 때는 원단이 두 겹 또는 그 이상 겹쳐 진하게 또는 불투명하게 나타나므로 디자

3-15_ 니트웨어 디자인

3-16_ 오간자 소재의 시스루 드레스, Jasper Conran ◁

3-17_ 시폰 소재의 시스루 드레스, Donna Karan ▷

63

3-18_ 가죽 소재의 뷔스티에 드레스와 모피 스톨(stole)

인할 때 이를 고려한다. 시스루 소재로 구성된 의복 아이템끼리 레이어링할 때도 겹치는 정도에 따라 투명도가 달라진다.

가죽, 스웨이드, 모피

가죽, 스웨이드, 모피 등은 그 가죽을 얻은 동물의 크기에 따라 크기가 정해진다. 충분치 않은 크기의 가죽이나 모피를 사용할 때에는 더 많은 조각을 이어야 하므로 그만큼 많은 수의 솔기가 필요하다. 이렇게 불가피하게 솔기를 많이 사용해야 하므로 오히려 솔기의 모양과 상침이나 솔기 처리 방식을 디자인의 초점으로 삼는 경우가 많다. 일반적으로 가죽을 봉제할 때에는 다트보다는 절개선이 더 용이하므로 절개선을 많이 사용한다. 스웨이드는 표면의 기모의 방향에 따라 색이 달라지는 경우가 있으므로 주의한다.

볼륨의 구성

의복에서의 볼륨volume은 소재의 여분으로 이루어진다고 할 수 있으므로, 볼륨을 만들어 내는 것은 부분적 또는 전체적으로 인체의 실루엣을 변경하는 것을 의미한다. 볼륨의 구성은 어느 정도 인체의 곡선을 따르면서 부드럽고 유동적인 볼륨을 창조하는 드레이핑과 인체와 복식 사이의 고정적인 공간의 창조를 통해 볼륨을 만들어 내는 테일러링 방식으로 나눌 수 있다.

드레이핑을 통한 볼륨

의복의 3차원적인 드레이프가 디자인의 초점이 되는 경우에는, 소재를 드레스폼 위에 걸쳐 놓고 드레이핑을 통해 볼륨을 만들어 낸다.

소재마다 드레이프성이 다르며 드레이핑 과정에서 의도하지 않은 실루엣을 얻을 때도 많다. 패턴 소재는 주름에 따라 외관이 달라지므로 드레이핑이 중심이 되는 디자인은 드레이핑 작업과 스케치를 동시에 진행하기도 한다. 드레스폼 위에 핀으로 원단을 고정시켜 가면서 머릿속에 그리는 형태를 형상화해 보고, 각각의 실험을 다양한 각도에서 사진으로 기록하면 디자인 스케치 단계에서 효율적으로 사용될 수 있다. 하나의 작업이 완성되면 사진을 찍어 기록을 남기고 사진

3-19_ 드레이핑을 통한 볼륨의 형성

3-20_ 바이어스 드레스, Vionnet, 1931
년경

3-21_ 플리츠 드레스, Madame Grès, 1954 F/W 컬렉션

을 여러 장 출력하여 그 위에 디테일을 그려 넣거나 특정 부분을 지우거나 더함으로써 디자인을 개발할 수 있다. 그 과정에서 기대하지 못한 실루엣과 만나게 되면서 디자인은 더욱 흥미롭게 전개될 수 있다.

드레이핑을 통해 형태를 만들어 가면서 소재가 인체의 어느 부분과 닿는지를 살펴본다. 표면에 패턴이 있는 소재의 경우에는 드레이핑 과정에서 모티프의 위치를 조정할 수 있으며 스트라이프 소재는 스트라이프의 방향을 조절할 수 있다.

드레이핑을 통한 디자인의 접근에 있어 대표적인 디자이너로 비오네Madeleine Vionnet를 들 수 있다. 비오네는 1930년대부터 인체에 대한 경외심을 가지고 바이어스 재단과 드레이핑, 유연한 직물을 사용하여 인체의 선을 따라 볼륨이 형성되는 감각적인 드레스를 만들어 냈다. 드레스는 착용자와 조화를 이루어야 한다는 철학을 가진 비오네는 인체를 해부학적인 선을 기준으로 나누고 이를 바이어스 재단으로 다시 결합하는 독특한 방식을 개발하였다. 비오네와 마찬가지로 마담 그레Madame Alix Grès는 여성의 인체를 영감으로 삼아 고전적인 그리스식의 드레이핑을 통한 볼륨을 구성했다. 복식과 인체의 상호관계를 중요하게 생각하여 드레이핑된 드레스는 마담 그레의 대표적인 스타일로, 모델의 몸 위에서 직접 개발된 '살아 있는 조각living sculpture'이라 불리기도 한다. 그레는 실크 저지나 캐시미어 저지를 이용하여 드레스의 중심선에 플리팅pleating을 도입하였는데, 미세하고 밀도 높은 플리츠로 바디스를 전체적으로 감싸 절개 없이 의복의 맞음새를 이끌어 내는 방법으로 사용하였다.

테일러링을 통한 볼륨

테일러링 방식에는 두꺼운 소재나 패딩 소재, 기모가 많은 소재, 치밀한 조직의 빳빳하고 견고한 소재를 사용하는 등 소재 자체의 볼륨을 통해 구성하는 방식과 플리팅이나 개더링gathering 등 소재의 조작을 통해 볼륨을 구성하는 방식이 있다. 또한, 다트와 절개선, 망사netting, 보우닝boning, 인터페이싱interfacing 등을 이용하는 재단과 구성법을 통해 양적 과장을 추구할 수 있다. 이러한 방법을 통해 인체의 실루엣을 과장하거나 인체와 관련 없는 추상적이고 기하학적인 실루엣을 만들어 낼 수 있다.

일반적으로 플리팅은 선적인 주름을 일컫는데, 마주 보는 주름인 박스 플리츠box pleats, 한쪽 방향을 향하는 시저 플리츠scissor pleats, 방사상으로 펼쳐지는 선

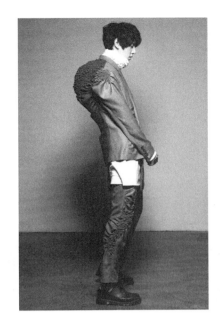

3-22_ 플리팅에 의한 볼륨의 형성 ◁

3-23_ 패딩에 의한 볼륨의 형성 ▷

레이 플리츠_{sunray pleats} 등이 있다. 개더링은 주름을 잡는 부분에서 다발을 이루고 플리팅에 비해 불규칙적인 형태를 띤다.

볼륨을 만들 때는 디자인에 따라 형태를 유지하기 위한 하부구조가 필요한 경우가 있다. 가볍고 빳빳한 망사_{netting}를 이용하면 발레리나의 튀튀_{tutu}와 언더스커트_{underskirt}에서와 같이 스커트를 종 모양으로 퍼지게 할 수 있고, 소매의 진동 부분에 사용하여 형태를 지지하거나 레그 오브 머튼_{leg-of-mutton} 소매에서와 같이 볼륨을 과장할 수 있다. 패딩은 일반적으로 사용되는 숄더 패드 외에도 인체의 특정 부위를 양적으로 과장하거나 볼륨의 형태를 유지할 때 사용된다. 패딩은 크리스티앙 디올_{Christian Dior}의 뉴룩_{New look}에서처럼 당시의 이상적인 체형을 표현하기 위해 사용되는 것이 일반적이나, 콤 데 갸르송_{Comme des Garçons}의 1997년 컬렉션에서는 전통적인 이상미를 해체하기 위해 패드가 비대칭적이고 불규칙하게 삽입되기도 했다. 보우닝은 골조와 같은 역할을 하여 의복의 형태를 지지하는데, 과거에는 고래 뼈로 만들었지만 현대에 와서는 금속이나 Rigilene®과 같은 폴리에스테르로 제작된다. 보우닝은 파팅게일_{farthingale}이나 크리놀린_{crinoline}과 같이 형태를 확장하는데도 사용되지만 코르셋처럼 형태를 축소하는 데에도 효과적으로 사용되어 왔다.

3-24_ 테일러링에 의한 볼륨의 형성

테일러링을 이용하여 볼륨을 창조해 내는 대표적인 패션 디자이너인 발렌시아가Cristòbal Balenciaga는 파운데이션과 같은 내부구조에 의존하지 않고 재단만으로 조각적인 복식형태를 만들어 냈다. 형태에 관심을 가졌던 디자이너인 발렌시아가는 최소한의 기술적이고 구조적인 장식으로 건축적인 효과를 달성하는데 뛰어났다. 발렌시아가의 디자인에서는 인체의 주변에 3차원적인 공간을 형성한 건축적인 고정된 형이 중시된다. 발렌시아가는 실크 게이자gazar와 같은 빳빳하고 견고한 소재를 사용하여 인체 위에 정지된 부피를 만들어 냈으며, 그의 디자인 중 상당수는 그 부피로 인해 인체의 윤곽선이 완전히 가려진다.

3-25_ 이브닝드레스, Balenciaga, 1962

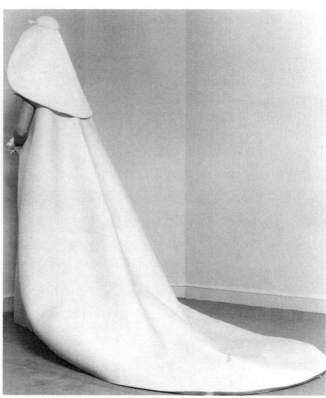

3-26_ 웨딩드레스, Balenciaga, 1967

2 컬렉션의 구성

스포츠웨어의 개념과 소재의 조합

패션 디자인의 아이템 구성에 있어서 '스포츠웨어_{sportswear}'의 개념을 이해하는 것이 중요하다. 패션업계에서 사용하는 스포츠웨어의 의미는 스포츠용 의류가 아니라, 디자인 그룹을 구성할 때 각각의 아이템을 믹스매치_{mix-and-match}하여 쉽게 완성된 룩을 만들어 낼 수 있게 구성한다는 개념이다. 요컨대 스포츠웨어는 서로 코디네이트할 수 있는 세퍼레이츠로 구성된 기성복을 말한다. 데이웨어, 커리어, 데이 투 나잇_{day-to-night}, 칵테일, 캐주얼, 이브닝웨어를 모두 포함할 수 있다. 스포츠용 의류는 액티브웨어라 일컫는다.

따라서, 스포츠웨어는 각각의 아이템을 따로 판매할 수 있게 되어 있다. 예를 들어 스포츠웨어에서는 같은 소재와 색상의 스커트와 재킷으로 구성된 슈트라 할지라도 가격표는 각각 따로 부착되어 있어 소비자가 재킷만 원한다면 재킷만, 스커트만 원한다면 스커트만 구매할 수 있다. 현재 몇몇 하이패션의 디자이너 브랜드나 오트 쿠튀르 브랜드를 제외하고는 대부분이 스포츠웨어 브랜드라 할 수 있다.

패션 디자이너는 브랜드의 규모에 따라 12벌에서 400벌로 이루어지는 컬렉션

3-27_ 스포츠웨어 그룹의 아이템 구성

3-28_ 스포츠웨어 그룹의 예

을 준비한다. 패션 컬렉션은 특정한 시즌을 위해 하나의 주제하에 일관성 있게 디자인한 패션 디자인 그룹을 일컫는다. 패션 디자이너는 이브닝가운, 드레스, 슈트 등의 주요 아이템 외에도 다른 아이템 아래 받쳐 입는 언더피닝underpinning이나 위에 겹쳐 입는 레이어링layering 아이템 등을 디자인하여 각각의 아이템을 상호 보완할 수 있도록 기획한다. 슈트, 스커트, 팬츠, 재킷, 블라우스, 스웨터, 액세서리 등 다양한 아이템으로 구성된 컬렉션은 신중하게 코디네이트되어야 한다. 스포츠웨어 디자인 전개에 있어서는 하나하나의 착장뿐만 아니라 한 가지 아이템이 여러 착장에서 활용될 수 있도록 하는 크로스 코디네이션cross-coordination이 가능하도록 해야 한다.

코디네이츠와 세퍼레이츠

스포츠웨어에서 하나의 그룹은 컬러, 소재, 스타일링, 분위기 등이 서로 연관된 코디네이츠coordinates로 구성된다. 코디네이츠는 소비자가 믹스매치하여 아웃핏outfit

3-30_ 코디네이츠 구성에서 프린트 소재의 적용

으로 조합하기 쉽게 구성된 아이템들을 의미한다. 하나의 그룹에 속한 코디네이츠에는 같은 소재와 컬러가 여러 번 반복되어 사용되는데, 이는 제조업자의 입장에서는 소재를 다량으로 구매해서 가격을 낮추는 이점으로 작용하고, 소비자의 입장에서는 믹스매치를 용이하게 할 수 있다는 장점이 된다. 일반적으로 하나의 그룹에는 두세 종류의 재킷(또는 스웨터, 조끼, 셔츠재킷 등 재킷을 대용하는 아이템), 스커트와 팬츠 등 하의류, 셔츠, 블라우스, 티셔츠, 스웨터 등의 상의류, 그리고 경우에 따라서 원피스드레스가 포함된다. 더불어 스타일링을 보조하는 스카프, 머플러, 장갑, 벨트, 모자, 장신구, 신발, 가방 등의 액세서리가 함께 구성되기도 한다.

그룹 내 아이템들의 전체적인 실루엣, 길이, 강조되는 허리선의 위치(엠파이어, 하이 웨이스트, 내추럴 웨이스트, 로우 웨이스트 라인 등), 네크라인의 모양 등이 서로 조화를 이루어야 믹스매치가 용이하다. 한 그룹을 구성하는 의류 아이템이 재조합되어 여러 개의 룩을 만들어 낼 수 있는 가능성이 크다면 소비자들에게 매력적으로 받아들여져 판매량에 긍정적인 영향을 미칠 수 있다.

코디네이츠를 구성할 때에는 특정 소재가 비슷한 아이템에 집중되지 않도록 한다. 예를 들어 프린트 소재를 상의에만 적용하기보다는 스커트, 원피스드레스, 스카프, 안감 등으로 활용하여 시각적으로 다양성을 부여하고 스타일링에서의 활용도를 높인다.

코디네이츠와 달리 세퍼레이츠$_{separates}$는 특정한 의류에 집중하여 깊이 있게 구성된다. 진$_{jeans}$, 셔츠, 티셔츠 등의 한 가지 아이템에 집중하는 브랜드는 한 가지 소재를 다량으로 구입하여 대량생산함으로써 제품의 단가를 낮출 수 있다. 아우터웨어, 수영복, 이브닝웨어, 웨딩드레스 브랜드 등은 믹스매치보다는 한 종류의 아이템에 초점을 맞춘다.

컬러의 조합

스포츠웨어 컬렉션은 컬러의 기획 또는 컬러 팔레트$_{color\ palette}$로 컬렉션의 조화와 응집력을 증대시키도록 구성한다. 컬러의 조합에서는 컬렉션을 구성하는 룩에서 룩으로 악센트 컬러$_{accent\ color}$와 메인 컬러$_{main\ color}$가 어떻게 흘러갈 것인지에 관한 컬러의 리듬이 중시된다. 특히 믹스매치가 핵심적인 스포츠웨어 그룹에서는 아이

3-31_ 컬러의 조합, 악센트 컬러의 배치

템의 색상이 어떻게 조합될 것인가가 중요하다. 각 컬러의 비율과 배치를 룩마다 변화시켜서 소비자가 아이템 조합을 선택할 수 있도록 한다. 악센트 컬러를 작은 비중으로 사용할 때에는 그 컬러를 의류 아이템뿐만 아니라 가방이나 액세서리에도 적용할 수도 있다는 것을 알아두면 좋다. 악센트 컬러를 룩 전체 또는 큰 비중으로 대담하게 사용할 때는 극적인 효과를 거둘 수 있다. 또한, 악센트 컬러를 프린트나 니트의 원사에 적용하여 다른 컬러와 섞이게 하면 다양한 시각적 효과를 거둘 수 있다.

이 외에도 레이어링 아이템, 액세서리, 아우터웨어, 기본 아이템, 콘셉트를 대표하는 아이템 등 각각의 성격에 맞게 컬러를 배치하는 것이 중요하다. 같은 컬러라도 전체적인 조화를 위해 적용되는 면적에 따라 채도를 조절할 필요가 있으며, 소재의 텍스쳐에 따라 컬러가 변하므로 이 또한 조절이 필요하다.

아이템별 소재 구성

소재의 텍스쳐와 중량 조합의 다양성을 기반으로 어떤 디자인에 어떤 소재를 배치할 것인가fabric placement를 결정하여 각각의 소재로 서로 코디네이트할 수 있는 아이템을 디자인하면 다양한 상황에서 활용할 수 있는 룩을 만들어 실루엣의 혁신성과 상품성을 높일 수 있다. 일반적인 스포츠웨어 그룹은 6에서 8가지 착장의 핵심적인 캡슐 컬렉션capsule collection으로 이루어지는데, 이에 따른 소재의 가짓수는 디자인 콘셉트, 소비자의 요구, 컬렉션의 종류 등에 따라 달라진다. 일반적인 스포츠웨어 컬렉션의 아이템별 소재의 가짓수의 예를 들면, 2~3가지의 코트 소재, 2~3가지의 슈트 또는 재킷 소재, 2~3가지의 셔츠 또는 블라우스 소재, 2~4가지의 스웨터 또는 저지 소재, 그리고 2~3가지의 독특한 노블티novelty 소재로 구성하는 경우가 있다.

아이템별 소재의 구성을 살펴보면 다음과 같다.

◈ 코트 소재

해당 시즌의 기온에 따라 소재의 중량이 달라지며, 솔리드인지 패턴이 있는지, 천연소재인지 합성소재인지, 가죽이나 스웨이드를 포함시킬 것인지에 따라 다양한 구성을 할 수 있다. 대부분의 F/W 스포츠웨어 컬렉션에서는 테일러드 스타일, 짧은 길이의 캐주얼한 스타일, 트렌디한 스타일을 함께 구성한다.

3-32_ 아이템별 다양한 텍스쳐의 조합

◈ 재킷 또는 슈트 소재

모든 브랜드가 슈트를 생산하는 것은 아니지만 대부분의 컬렉션이 슈트에 상응하는 아이템을 포함한다. 재킷, 팬츠, 스커트 소재는 그룹 내에서 핵심적인 역할을 한다. 다른 아이템의 소재와 마찬가지로 솔리드와 함께 스트라이프, 체크, 프린트, 텍스쳐가 독특한 소재 등으로 다양하게 구성하면 소비자의 입장에서 선택의 폭이 넓어지게 된다.

◈ 셔츠 또는 블라우스 소재

셔츠 또는 블라우스 소재는 그 중량의 범위가 매우 다양하다. 셔츠나 블라우스는 컬렉션 내에서 메인 아이템을 보조하는 베이직한 실루엣에서부터 그 자체로 콘셉트를 표현하는 독특한 디자인까지 표현의 폭이 넓기 때문이다. 솔리드인지 패턴이 있는지, 비치는지 불투명한지, 매트$_{matt}$한지 광택이 있는지, 빳빳한지 부드러운지, 평직인지 텍스쳐가 있는지 등 다양한 요소의 조합을 고려하여 각양각색의 상품기획과 실루엣의 연출이 가능하다.

◈ 니트 소재

대부분의 스포츠웨어 컬렉션에는 최소한 하나 이상의 니트웨어가 포함된다. 니트웨어는 다트나 절개선 없이도 몸에 밀착되고, 니트의 구조에 따라 테일러드 슈트로도 제작이 가능하고 시폰처럼 비치기도 하고 코트 소재처럼 두껍기도 하다. 캐주얼한 컷 앤 소우 저지 티셔츠부터 조각적이고 아방가르드한 스웨터 니트까지 니트웨어는 그 적용범위가 넓다. 특히 풀리 패션드 또는 스웨터 니트는 원하는 형태로 개발이 가능하므로 다양한 디자인 전개에 용이하다.

스포츠웨어 컬렉션에서 니트 아이템을 구성할 때에는 컷 앤 소우와 풀리 패션드를 2:1 또는 1:2의 비율로 정하는 경우가 많다. 니트 소재의 무게를 다양하게 구성하면 실루엣의 다양성이 제고되기 때문이다.

◈ 노블티 소재

노블티novelty 소재는 비즈나 자수 등 독특한 조직, 표면, 장식을 가진 소재를 말한다. 노블티 소재는 컬렉션에 극적인 요소를 제공하는 역할을 한다. 노블티 소재는 대부분 핵심적인 소재와 아이템을 보조하기 위해 적은 수량으로 사용된다. 노블티 조직·텍스쳐·패턴·가공 등이 적용된 소재는 아이템의 레이어링에서 효과적으로 사용되어 디자인의 주된 콘셉트의 표현을 방해하지 않으면서도 컬렉션이 단조로워지는 것을 막을 수 있다. 예를 들어 자수나 비즈 소재, 레이스, 메탈릭 브로케이드를 적절히 사용하면 컬렉션에 활력을 불어넣을 수 있다.

Functional
Raw Materials
for Textiles

CHAPTER 4
기능적 텍스타일 재료

텍스타일 원료섬유는 크게 천연섬유와 인조섬유로 나눌 수 있다.

천연섬유는 특유의 외관과 광택을 가지며, 천연의 불규칙성은

이로 구성된 직물에 독특한 자연적인 재질감을 부여한다.

이에 반하여 인조섬유는 재생섬유와 합성섬유로 나뉘며,

원료와 방사공정을 제어하여 다양한 특성을 지닌 섬유로 생산된다.

따라서, 소비자가 원하는 다양한 재질감과 기능성을 부여할 수 있어

그 소비량이 점차 증가하고 있다.

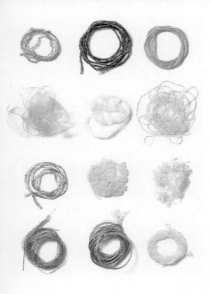

1 섬유와 감성

풍요로운 생활과 다양해진 사회구조 속에서 개성화, 감각화, 기능화되어 가는 소비자의 성향에 따라 패션소재에도 착용감이나 쾌적감뿐만 아니라 다양한 감각(촉각, 청각, 시각, 후각)을 만족시키는 상품이 요구되고 있다. 의복의 상품가치는 실루엣이나 디자인뿐만 아니라 소재가 갖고 있는 색상, 무늬와 촉감과 같은 심미적인 요소와 기능성에 의해 좌우되므로 소재의 종류와 특징을 바탕으로 계절에 맞고, 트렌드 및 감각에 적합한 소재를 선택하는 것이 중요하다. 따라서, 소비자를 만족시키기 위한 새로운 패션소재의 개발은 21세기 패션제품의 필수적인 요소이다.

소재의 특성은 보고 만졌을 때 느껴지는 감성과 디자인에 의해서 결정되며, 특히 감성은 소재의 물리적 특징과 분리하여 생각할 수 없다. 소재의 특성은 인간의 시각, 촉각, 청각 및 후각으로부터 감지되므로 소재 선택 시 작용하는 소재의 대표적인 감성표현 요소로 물리적, 시각적, 모방적, 표면변화, 촉각 및 청각적인 요소 등을 들 수 있다. 일반적으로 소재에서 느낄 수 있는 대표적인 소재의 감성은 /그림 4-2/와 같다.

'두껍다-얇다'는 소재의 두께에서 얻는 시각적, 촉각적 판단이며, '딱딱하다-부드럽다'는 물리적 성질인 굽힘성, 전단성, 드레이프성뿐만 아니라 표면 접촉감각으로부터 느끼는 평활함, 모후감 및 색과 패턴으로부터 느끼는 시각적 판단에 의해서 복합적으로 결정된다. '건조하다-촉촉하다'는 촉각으로부터 느끼는 표면 요철감과 온냉감뿐만 아니라 광택과 같은 시각적 판단과 스치는 소리로부터 느껴지는 복합적 감성이다. 또한, '매끄럽다-거칠다'는 표면요철, 패턴, 광택으로부터 종합적으로 판단되는 성질로, 소재에서 느낄 수 있는 감성이 여러 표현요소로부터 복합적으로 얻어진다. 직조, 가공, 염색기술이 발달함에 따라 최종제품에 다양한 감성을 부여할 수 있지만 패션소재는 원료 섬유의 고유한 특성에 의해 일차적으로 감성적 특성이 결정된다.

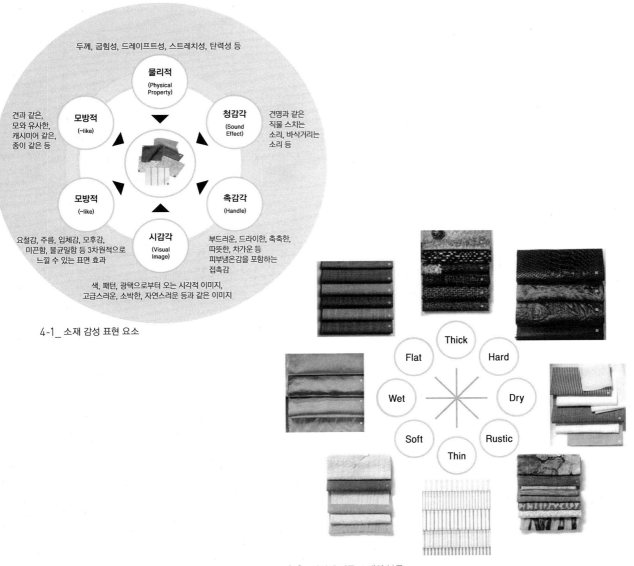

두께, 굽힘성, 드레이프트성, 스트레치성, 탄력성 등

물리적
(Physical Property)

견과 같은, 모와 유사한, 캐시미어 같은, 종이 같은 등

모방적
(~like)

청감각
(Sound Effect)

견명과 같은 직물 스치는 소리, 바삭거리는 소리 등

모방적
(~like)

촉감각
(Handle)

부드러운, 드라이한, 축축한, 따뜻한, 차가운 등 피부냉온감을 포함하는 접촉감

요철감, 주름, 입체감, 모후감, 미끈함, 불균일함 등 3차원적으로 느낄 수 있는 표면 효과

시감각
(Visual Image)

색, 패턴, 광택으로부터 오는 시각적 이미지, 고급스러운, 소박한, 자연스러운 등과 같은 이미지

4-1_ 소재 감성 표현 요소

Flat Thick Hard
Wet Dry
Soft Rustic
Thin

4-2_ 감성에 따른 소재의 분류

2 자연 그대로의 셀룰로오스섬유
Natural Cellulosic Fiber

셀룰로오스는 모든 식물의 주성분으로, 이로 구성된 천연섬유를 셀룰로오스섬유라고 한다. 면, 마와 인조재생섬유인 레이온은 모두 셀룰로오스를 주성분으로 하는 섬유로, 그 형태는 다르나 화학적 성질은 유사하다.

면섬유
Natural Cotton

4-3_ 코튼 마크

유기농 면_ 3년 이상 화학비료나 농약을 살포하지 않은 토지에서 재배하고 염색, 가공단계에서 화학물질을 전혀 사용하지 않고 만들어진 면섬유

머어서화 가공_ 면사 또는 면직물을 10~20℃에서 긴장하여 수축을 방지하면서 20~25% 수산화 나트륨용액으로 처리하여 광택, 강도, 흡습성을 향상시키는 가공

방추가공_ 반응성 수지를 이용하여 셀룰로오스 분자 간에 가교를 형성하여 방추성과 함께 방축효과를 주는 가공

면섬유는 목화나무에서 성장한 면화의 종자로부터 섬유를 분리하여 얻는 식물성 섬유이다. 자연적인 부드러운 감촉과 입었을 때 느껴지는 편안함으로 속옷, 여름용 스포츠복, 타월 및 침구류에 널리 이용된다. 특히 유기농면Organic cotton은 유아용품, 노약자나 침장용 등 특화된 용도에 사용된다.

면제품은 가격이 적당하고 흡수성이 우수하여 위생적이고 강도와 마찰에 대한 내성이 강한 실용적인 섬유이다. 그러나 구김이 잘 생기며 물세탁 시 줄어드는 결점이 있어 고급 양복용으로 사용하기에 부적합하다.

최근 첨단 가공기술의 발달로 다양한 면제품이 개발되어 편안하고 기능적인 스포츠 캐주얼복에 이용되고 있다. 머어서화 가공으로 촉감과 광택을 향상시켰으며, 방추가공DP가공, Wash & Wear가공처리로 다림질이 필요 없는 와이셔츠의 상품화도 주목할 만하다. 또한, 합성섬유와 혼방하여 순면보다 수분을 더 빨리 원단의 표면으로 옮겨 증발이 가능하게 하고 구김을 개선하여 관리를 용이하게 한 제품도 개발되었다. 특히 라이크라와 혼방된 스트레치면은 움직임이 편안해져 실용적인 스포츠 캐주얼복에 많이 응용되고 있다.

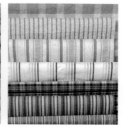

4-4_ 목화송이(좌), 유기농 면(중), 면직물(우)

4-5_ 편안하고 실용적인 면 캐주얼웨어

시원한 마섬유
Cool Linen, Ramie, Hemp, Jute

마섬유는 채취방법과 생산지에 따라 수십 종에 이르나 기본적으로 식물의 줄기를 섬유로 이용하는 인피섬유와 식물의 잎을 섬유로 이용하는 엽섬유로 나눌 수 있다. 인피섬유에는 아마린넨, 저마모시, 대마삼베, 황마가 있으며, 엽섬유에는 마닐라마, 뉴질랜드마, 사이잘마 등이 있다.

주성분은 면과 마찬가지로 식물성 셀룰로오스이며 다수의 단섬유가 펙틴질이라는 천연접착제로 결합되어 섬유다발을 형성하고 있다. 일반적으로 섬유표면은 평활하고, 길이 방향에 마디가 있다.

매끄러운 표면과 우아한 견광택을 지니는 아마는 흡습성과 열전도성이 커서 쾌적한 여름용 의류의 소재로 많이 이용되고 있다. 저마는 예로부터 섬세하고 시원하여 여름철 한복감으로 많이 이용되어 왔는데, 최근에는 면이나 합성섬유와 혼방하여 여름철 드레스와 셔츠의 소재로 각광받고 있다. 한편, 대마와 황마를 비롯한 기타 엽섬유들은 색이 어둡고 일광에 약하며 뻣뻣하여 끈이나 구두와 자루, 카펫의 기포 등 실내장식용이나 로프로 사용되고 있다.

마섬유로 된 의복은 착용 시 구김이 많이 생기며, 물세탁에 의해 크기가 줄어들고 섬유다발이 분해되어 본래의 뻣뻣한 성질이 없어지므로 드라이클리닝을 하는 것이 좋다.

4-6_ 마섬유를 이용한 아트웨어, 박순천

4-7_ 아마, 저마, 대마, 황마(좌측부터)

재생 셀룰로오스섬유
Regenerated Cellulose

1664년 영국의 로버트 후크$_{Robert\ Hooke}$가 누에가 견사를 토해 내는 것처럼 인간도 섬유를 만들 수 있을 것이라 제안한 이후 1800년대에 이르러 천연 셀룰로오스를 화학약품으로 처리하여 액체를 만들고 이를 가느다란 구멍으로 뽑아 내어 재생 셀룰로오스섬유를 만들기 시작하였다.

비스코스 레이온

최초의 인조섬유인 레이온은 표면이 매끄럽고 부드러우며 촉감이 시원하고 흡습성이 뛰어나 안감이나 여름용 블라우스 소재로 가장 좋다. 그러나 다른 셀룰로오스섬유와 같이 탄성이 부족하여 잘 구겨지며 강도가 약하고 쉽게 보풀이 생기는 단점이 있다. 특히 습윤 시 상당히 강도가 저하되고 수축하기 때문에 드라이클리닝을 하는 것이 바람직하다.

탄성_ 외부 힘에 의해 변형을 일으킨 물체가 힘이 제거되었을때 원래의 모양으로 되돌아가려는 성질

건습식방사_ 방사구와 응고액 사이
에 공기층을 두어 일단 공기중에 사
출된 후 응고액에서 방사원액의 용
매를 씻어 내는 화학 방사법
면 린터_ 목화씨에 남아 있는 6mm
이하의 짧은 솜털
열가소성_ 융점보다 낮은 연화온도
에서 형태를 잡아 준 후 냉각시키면
영구적인 변형이 생기는 성질

리오셀

리오셀Lyocell계 섬유는 비스코스 레이온의 생산으로 발생하는 각종 환경 공해와 인체에 유해한 성분으로 인한 직업병을 해결하고자 개발한 섬유이다. 목재펄프를 비독성 용제인 산화아민에 용해시켜 건습식방사로 얻은 섬유로, 생산공정에서 일체의 오염물질이 발생하지 않으며 1개월 안에 생분해가 가능한 환경친화적 섬유로 주목받고 있다.

리오셀은 실크에 버금가는 부드러운 촉감과 면보다 뛰어난 흡습성, 폴리에스테르와 거의 대등한 강한 내구성을 가지고 있다. 물세탁이 가능한 실용적인 섬유로, 청바지, 숙녀복, 란제리 등 각종 의류에 이용된다.

4-9_ 히피 집시 보헤미안 패치워크 레이온 드레스, Bewernick 빈티지, 60s, 70s

아세테이트

목재나 면 린터로부터 얻은 재생 셀룰로오스를 아세틸화하여 만든 섬유를 아세테이트_{Acetate}라 한다. 이때 아세틸기의 치환도에 따라 이초산 또는 삼초산 셀룰로오스가 된다. 보통 아세테이트는 이초산 셀룰로오스섬유를 말하며, 후자는 트리아세테이트라 한다. 아세테이트나 트리아세테이트의 단면은 주름이 잡혀 있어 광택이 많이 나는데, 레이온과 달리 천연섬유보다 합성섬유에 가까운 성질을 지녔다.

아세테이트섬유는 광택이 좋고 부드러우며 드레이프성이 우수하여 양복의 안감이나 여성복과 아동복 및 시트, 리본 등의 소재로 이용된다. 강도는 레이온보다 못하나 습윤 시 레이온처럼 심하게 강도가 떨어지지 않고 구김이 덜 생기며 쉽게 펴진다. 특히 트리아세테이트는 열가소성이 있어 주름치마와 같이 영구적인 형태 고정이 가능하며 열에도 안전하다. 아세테이트는 물세탁 시 알칼리 세제에 의해 손상되고 본래의 광택을 잃을 수 있으므로 중성세제를 사용하거나 드라이클리닝을 하는 것이 바람직하다.

4-10_ 트리아세테이트 주름가공

울마크_ 신모를 99.7% 이상 사용한 경우에는 울마크(Wool Mark)를, 신모를 50% 이상 사용한 경우에는 울마크 블렌드(Wool Mark Blend)를, 30~50%를 사용한 경우에는 울블렌드마크 (Wool Blend Mark)를 부여한다.

펠팅_ 양모 표면의 비늘 모양의 스케일로 인하여 비눗물에 적시고 가열하면서 문지르면 섬유가 엉키고 밀착되어 두터운 층을 만드는 현상

3 고급스러운 단백질섬유
Luxury Protein Fiber

단백질섬유란 동물의 털이나 외피 또는 분비물로부터 얻어진 아미노산으로 구성된 섬유로, 주성분은 탄소, 수소, 산소 외에 질소를 가지고 있으며 단백질의 종류에 따라 황을 함유하기도 한다. 양모와 견섬유 외에 가죽, 모피 등도 주성분이 단백질로 되어 있어 형태는 다르나 화학적 성질은 비슷하다.

포근한 모섬유
Cozy Wool

모섬유는 면양의 털인 양모와 다른 동물에서 얻은 헤어섬유로 구별한다. 면양은 온대지방의 초원지대에서 사육하기 적당하여 환경이 적합한 오스트레일리아와 뉴질랜드에서 전 세계 양모 생산량의 40%를 생산하고 있다. 양모는 가격이 비싸서 건강한 면양으로부터 직접 얻은 새 양모 이외에도 한 번 사용했던 양모로부터 다시 회수한 재생모나 병들고 죽은 양으로부터 얻은 모까지 이용된다. 따라서 국제양모사무국ɪᴡꜱ에서는 IWS의 제반 품질규격에 합격한 양모제품에 울마크를 부여하여 양모제품의 품질을 보증하고 있다.

　모섬유는 케라틴이라는 단백질로 구성되어 있으며, 살아 숨 쉬는 섬유라고 할 만큼 천연섬유 중 가장 흡습성이 우수한데, 흡수한 습기는 이내 외부로 발산하여 의복 내부를 항상 쾌적하게 유지시켜 준다. 양모는 곱슬곱슬한 권축을 가지

4-11_ 모사(좌), 모직물(우)

4-12_모직물과 모편성물을 펠팅기법으로 접합한 작품, Shaun Samson

고 있는데, 이로 인해 의복 내 함기량이 증가하여 보온성이 좋아 겨울용 의복의 소재로 적합하다. 또한 양모는 탄력성이 우수하여 구김이 잘 생기지 않으며, 표면에 스케일이 존재하여 발수능력도 뛰어나 더러움이 잘 타지 않는 장점이 있다. 그러나 스케일 때문에 사용하는 도중 마찰에 의해 펠팅이 일어나 수축되기도 하고 알칼리에 섬유가 손상되는 성질이 있으므로 드라이클리닝을 해야 한다. 물세탁할 경우 중성세제를 사용하여 비비지 말고 세탁하고 그늘에 말려야 한다.

모제품은 순모 외에 앙고라 산양에서 얻은 모헤어나 알파카, 캐시미어, 낙타모 등의 헤어섬유와 혼방하여 독특한 촉감과 외관을 지닌 차별화된 제품으로 생산된다. 헤어섬유에는 여러 종류가 있는데, 일반적으로 산양, 낙타, 토끼털로 분류된다. 이 밖에도 메리노 모사는 실크, 캐시미어, 린넨, 비스토스, 라이크라, 아크릴, 나일론과 같은 다양한 섬유와 혼방되기도 한다. 전통적으로 모섬유는 겨울에 주로 사용되지만, 면과 혼방하여 늦여름이나 가을 환절기 의복의 소재로도 좋다.

4-13_ 모, 헤어섬유를 생산하는 동물들

4-14_ 실크 타프타 드레스, 1850~55, Paris

우아한 견섬유
Graceful Silk

천연섬유 중 유일한 필라멘트 섬유인 견섬유는 한 고치로부터 약 1,500m를 얻을 수 있는데, 생사는 2가닥의 피브로인 단백질을 세리신 단백질이 둘러싸고 있는 형태이다. 일반적으로 세리신 때문에 거칠고 광택이 나빠지므로 묽은 알칼리 용액으로 제거하여 피브로인만으로 된 삼각형의 부드러운 정련견을 이용한다. 굵기는 생사의 경우 20~40μm이며 정련견의 경우 5~18μm 정도이다.

견제품은 광택이 우아하고 촉감이 부드러우며 선명하게 염색이 가능하므로 넥타이, 스카프나 고급의복의 재료로 사용되고 있다. 강도는 강하며 곰팡이나 미생물에 비교적 안정적이다. 산에는 강하나 알칼리와 염소계 표백제에 의해 쉽게 손상되므로 손세탁 시 반드시 중성세제를 사용해야 한다. 색상이 있는 제품의 경우에는 염료가 빠져 나와 얼룩이 생길 우려가 있으므로 드라이클리닝을 하는 것이 바람직하다. 탄성은 양모 다음으로 우수하여 구김이 잘 생기지 않고 쉽게 펴지며, 흡습성과 보온성이 우수하나 정전기가 발생하는 것이 단점이다. 고온에서 손상되어 황변되기 쉬우므로 다림질에 유의하고, 장기간 직사광선이나 형광등 불빛에 노출될 경우 약해지므로 보관 시 주의해야 한다.

야성적인 가죽
Wild Leather

가죽은 동물, 파충류, 물고기와 새의 스킨skin과 하이드hide로부터 얻는다. 다양한 환경에서 서식하는 살아 있는 동물로부터 얻기 때문에 크기, 두께, 결이 불균일하며 흠이 많다. 전체 가죽 중 5%만이 천연 가죽결을 살린 최상품인 톱그레인top grain제품이고 20% 정도는 안료가공으로 매끄러운 피혁을 만드는 데 적합하다. 나머지 75%는 요철처리하여 표면에 인공적인 무늬를 만들거나 가죽 안쪽 표면을 기모하여 스웨이드로 이용한다. 가죽은 여러 층으로 분리하여 만들기도 하는데 피부 쪽은 치밀하지만 내부층일수록 다공성의 느슨한 구조이며 매끈하지 않아 사용 도중 거칠어지고 늘어지는 경향이 있다.

가죽은 천연소재가 갖는 고유한 광택과 감촉 등의 자연스러움으로 개성을 나타내고자 하는 소비자의 욕구를 충족시켜 왔다. 올이 풀리지 않는 특성으로 주름잡기, 엠보효과, 스티치, 패치워크, 자르기, 구멍뚫기, 징박기, 구기기 등 소재표

4-15_ 정련 견사(위), 누에고치(아래)

현기법이 다양하여 개성있고 아름다운 스타일 창출이 가능하다.

　가죽은 보온성과 통기성이 우수하여 겨울철 의류소재로 소비자들의 사랑을 받고 있다. 그러나 가격이 비싸고 물에 젖으면 얼룩이 쉽게 생길 뿐 아니라 기름을 잘 흡수하고 탈색이 잘 되며 용제에 의해 뻣뻣해지기 쉬우므로 세심한 관리가 필요하다. 가죽제품을 살 경우에는 먼저 몸에 잘 맞는지, 칼라와 가장자리 처리가 단단한지, 좌우 가죽의 결, 색상, 두께가 비슷한지, 또 부속품이 가죽에 부담을 주지 않는지 살펴보아야 한다. 가죽제품은 얻어진 가죽의 부위에 따라 질이 달라지는데, 일반적으로 동물의 등이나 옆 부분은 좋으나 목과 다리 부분은 얇고 늘어나 조잡하므로 선택할 때 주의하여야 한다.

4-16_ 가죽 디자인 : 엮기(좌), 엠보싱 (중), 스티치, 징박기, 구멍뚫기(우) ◁

4-17_ 악어가죽 재킷 ▷

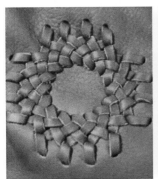  

럭셔리 모피
Luxury Fur

밍크, 토끼털, 여우털 등 다양한 '모피'는 겨울 패션에 화려함을 더해 주는 아이템이다. 모피는 헤어Hair와 모피섬유가 붙어 있는 동물의 가죽 부분을 말하며, 일반적으로 친칠라, 밍크, 여우, 토끼, 담비, 바다표범과 양의 모피를 패션 소재로 이용한다. 천연의 아름다운 외관을 지니며 보온성과 내구성이 우수하여 코트, 목도리 등에 많이 이용된다.

　모피는 고가품이므로 잘 선택해야 하는데, 동물의 품종과 연수, 건강 상태 및 죽은 계절에 따라 품질과 가격이 상당히 차이가 난다. 모피의 품질은 장모와 단모의 밀도, 길이, 색상, 감촉, 탄력성 등의 구성배율에 의해 결정되며, 장모가 충분히 많아 속털을 커버할 수 있는 정도에 따라 품질이 결정된다. 일반적으로 단모에 대한 장모의 길이가 조화를 이루는 것이 좋은데, 단모는 장모를 받쳐주고 장모의 탄력성을 좋게 하며 밀집되어 있는 것이 좋다. 색상과 결이 일정하고 광택이 우수하고 부드러우며, 봉제선이 바르고 바늘땀이 넓지 않는 것을 골라야 한다.

모피 중 가장 대중화되어 있고 소비자들이 선호하는 고급 밍크는 원피 생산 브랜드에 따라 품질이 결정된다. Black Grama, American Ultra, Saga 등이 가장 많이 볼 수 있는 라벨인데, 이는 원피 생산 브랜드명이다. 이들은 양질의 모피를 생산하고 자체 검사 후 보증하며 경매에 의해 거래하기 때문에 모피의 품질이 철저히 관리되어 다른 산지의 모피들과 차별화된다.

4-18_ 모피 코트, 가죽과 모피

4 기능적인 합성섬유
Functional Synthetic Fiber

합성섬유는 저분자 화합물_{단량체}로부터 화학적으로 고분자 화합물_{중합체}을 합성하고 이 합성고분자를 원료로 섬유형태로 방사하여 만든다. 합성섬유의 원료가 되는 합성고분자는 축합중합 또는 부가중합하여 얻는데, 나일론_{nylon}, 폴리에스테르_{polyester}, 폴리우레탄_{spandex}섬유는 대표적인 축합중합체 섬유이고, 아크릴_{acryl}, 모드아크릴_{modacryl}, 올레핀_{olefin}, 폴리비닐알코올_{vinal}, 폴리염화비닐_{vinyon}, 폴리염화비닐리덴_{saran}, 폴리사불화에틸렌_{teflon} 등은 부가중합체 섬유이다. 이 중 나일론, 폴리에스테르, 아크릴, 폴리프로필렌 및 폴리우레탄섬유는 의류소재로 많이 이용된다.

합성섬유는 원료가 되는 고분자뿐만 아니라 방사공정에 따라 성질에 차이가 나므로 방사할 때 다른 화합물을 첨가하거나 방사구의 모양을 달리하여 특수효과를 부여할 수 있다. 일반적으로 합성섬유는 종류와 생산방법에 따라 다소 성질의 차이는 있으나 /표 4-1/과 같은 공통된 소비성능을 지니고 있다.

4-19_ 기능성 스포츠웨어

표 4-1_ 합성섬유의 소비성능

심미성	·탄성이 우수하여 잘 구겨지지 않으며 형태 변형이 적다. ·열가소성 섬유로 영구적 형태 고정이 가능하다. ·필링이 잘 생긴다.
내구성	·강도가 높고 마찰에 잘 견딘다. ·강인성이 우수하여 내구성이 좋다.
쾌적성	·신축성이 우수하여 활동이 편리하다. ·흡습성이 낮아 땀 흡수가 잘 안 된다. ·보온성이 보통이다.
관리성	·내약품성, 내충·내균성이 우수하다. ·내세탁성이 우수하여 물세탁이 가능하다. ·열에 약하여 낮은 온도에서 다림질해야 한다.
안전성	·연소 시 유독가스가 발생한다. ·정전기가 발생한다.
환경친화성	·생분해가 잘 안 된다.

축합중합_ 관능기를 가진 둘 이상의 분자들이 서로 반응하여 간단한 분자인 물이나 알코올을 동시에 분리해 내면서 결합하는 방법

부가중합_ 이중 또는 삼중 결합을 하고 있는 불포화 화합물이 개시제에 의해 이중 또는 삼중 결합이 열리면서 이웃 분자가 부가되어 중합체를 만드는 방법

방사_ 인조섬유의 섬유화 과정으로 방사원액 준비, 방사구로 압출, 응고 및 연신 단계를 거치며, 방사원액을 만들고 응고시키는 방법에 따라 습식방사, 건식방사, 용융방사, 건습식방사, 슬리트/스플리트 방사로 나눌 수 있다.

4-20_ 폴리에스테르 주름 가공을 이용한 아트웨어, 김형주

나일론

나일론은 1938년 미국 뒤퐁사의 캐로더스에 의해 발명되어 최초로 상용화된 합성섬유이다. 나일론은 다른 합성섬유에 비해 특히 신도와 탄성회복성이 우수하여 스타킹, 란제리 또는 카펫으로 많이 이용되며, 마모강도가 좋아 양말, 란제리 및 스포츠 셔츠 등의 편성물에 많이 사용된다. 유연하고 물에 젖으면 빨리 마르나, 정전기가 발생하고 보푸라기가 잘 생기며 일광에 약하고 쉽게 재오염되고 황변되는 결점이 있다.

폴리에스테르

폴리에스테르는 강도가 크고 구김이 생기지 않으며 적당한 유연성을 지니고 있어 천연섬유와 혼방하여 의류소재로 가장 많이 이용되는 합성섬유이다. 흡습성이 적어 염색이 잘 안 되고 정전기가 발생하기 쉬우나 내약품성, 내충·내균성 및 내일광성이 우수하여 관리하기 편하다. 의류용 직물, 편성물에 많이 이용되며, 커튼, 카펫 및 충전재로 우수한 섬유이다.

아크릴

아크릴은 모섬유와 유사한 성질을 가지고 있어 모 혼방제품이나 모 대용품으로 많이 사용되고 있다. 일반적으로 벌키 가공하여 편성물에 많이 이용되는데, 가볍고 보온성이 우수하여 겨울용 내의와 양말, 스웨터, 인조모피 및 담요에 많이 쓰인다. 현재 사용되는 섬유 중에서 내일광성이 가장 좋아 커튼과 텐트에 많이 이용된다.

스판덱스

폴리우레탄섬유인 스판덱스는 가볍고 탄력성이 우수하며 500~800% 정도의 고신축성을 지니고 있다. 또한, 염색할 수 있어 고무 대용품으로 파운데이션류나 고탄력 스타킹, 수영복, 운동복 등에 사용된다.

폴리프로필렌

폴리프로필렌은 물을 전혀 흡습하지 않아 염색성이 나쁘고 열과 일광에 매우 약

4-21_ 하이벌키 아크릴 실과 양말

4-22_ 나일론 점퍼(상좌), 투명 나일론 아노락(상우), 투습방수포 재킷(하좌), 스판텍스 슈트(하우)

하나 가볍고 탄력성이 크며 값이 싸고 방수성과 내화학성이 좋은 장점을 가지고 있다. 최근 염색의 난점이 해결되고 열고정이 가능해지면서 다림질이 필요 없는 편성물, 인조모피나 카펫 또는 일회용 방호복과 필름 및 충전재로 사용량이 점차 증가되고 있다. 모세관 현상에 의해서 땀을 잘 흡수하고 1mm 두께의 네오프렌과 같은 보온성을 지녀 보온내의로도 활용된다.

네오프렌
Neoprene

폴리클로로프렌의 상표명인 네오프렌은 1930년 월러스 캐로더스[1896~1937]가 클로로프렌을 중합해 만든 최초의 합성고무이다. 불활성 물질인 네오프렌은 천연고무에 비해 가볍고 썩지 않으며 단열효과가 우수하여 잠수복[wet-suit], 충격보호복이나 캐주얼웨어 재킷으로 사용된다. 네오프렌은 절단이나 마찰에 강하고 탄성이 우수하며 장시간의 대기 노출이나 열에 대한 내구성이 우수하며 화학약품에 비활성이다. 네오프렌이 잠수용 고무 옷에 사용될 때에는 단열 속성을 증가시키기 위해 공기 공간을 질소로 채우는데, 이는 잠수용 고무 옷의 부력을 증가시킨다. 최근에는 네오프렌이 노트북 덮개, 아이팟 홀더, 리모컨 주머니, 보석을 포함한 일상생활 제품의 원료가 되고 있다.

4-23_ 미니 드레스와 네오프렌 슈즈, Jolka Wiens

인조피혁
Manmade Leather

인조피혁은 천연피혁과 유사한 외관을 가지는데 직물 또는 부직포 위에 염화비닐이나 폴리우레탄과 같은 합성수지로 코팅하여 만든다. 천연피혁에 비해 강도가 떨어지며 흡습성이 나쁘나 젖은 후 변형이 적어 실용적이다. 다양한 색상으로 염색이 가능하며 최근에는 극세섬유로 만들면서 천연가죽에 가까운 촉감과 우수한 착용감을 갖게 되어 패션소재로 많이 이용된다. 오염 시 젖은 물수건이나 마른 수건으로 닦아 내며 드라이클리닝을 하면 굳어지고 균열이 생기기 쉬우므로 물세탁하는 것이 좋다.

아라미드섬유
Aramid Fiber

아라미드섬유는 방향족 폴리아마이드 섬유로 노멕스와 케블라가 있다. 노멕스는 내연성 소재로 소방복, 카레이싱복, 스턴트맨 보호복, 우주복 등 열과 화염에 견디는 의복용 소재로 이용된다. 케블라는 강철보다 강도가 뛰어나 400도 이상의 열에도 견디는 고내열성을 가지며 우수한 내한성 및 절연성, 내약품성을 가진 최첨단 소재이다. 이 소재는 방탄복, 방탄 헬멧, 펜싱 선수의 보호용 재킷이나 벌목 작업자, 정육업자 들의 보호장갑과 같이 날카로운 연장으로부터 신체를 보호하기 위한 용도로 널리 쓰이고 있다.

4-24_ 모터사이클복

4-25_ 펜싱복

4-26_ 폴리우레탄필름으로 만든 재킷(상), PVC 소재 풀오버와 페들럽(하)

극세섬유/나노섬유
Micro/Nano Fiber

마이크로 테크놀로지를 이용하여 제작된 0.1데니어 이하의 정밀한 극세섬유 소재들은 스포츠 의류 시장에 혁명을 불러일으켰다. 방사기술의 발달로 머리카락 굵기의 100분의 1 정도의 초극세섬유의 생산이 가능해지면서 천연섬유처럼 부드럽고 가벼우면서 보온성이 우수한 제품을 생산할 수 있을 뿐만 아니라 인조가죽이나 투습방수직물과 같은 특수기능 직물의 생산이 가능해졌다. 이런 초극세사의 특징은 부드러운 촉감, 높은 유연성, 우수한 흡수성과 흡유성, 큰 표면적과 정밀성이다. 이런 섬유는 대부분 폴리에스테르나 나일론으로 만들어지며 다른 섬유들과 혼방하여 다양한 성능을 발현하여 스포츠 캐주얼웨어에 적극 사용되고 있다.

최근 전자방사법electrospinning이 개발됨에 따라 피부처럼 매끄럽고 종이보다 얇고 가벼우며, 땀을 배출하면서도 박테리아와 같은 외부 물질은 전혀 받아들이지 않는 꿈의 섬유인 나노섬유nanofiber가 개발되었다. 나노섬유는 지름이 수십에서 수백 나노미터1나노미터=10억 분의 1m에 불과한 초극세사로, 부피에 비해 표면적이 엄청나게 크기 때문에 필터용으로 쓰면 탁월한 여과효과가 있어 인조피부나 의료용 붕대, 생화학무기 방어용 의복 등 활용범위가 무한대이다.

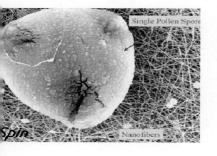

4-27_ 꽃가루와 나노섬유

4-28_ 마이크로 파이버 제품들 : 스웨이드 소파(좌), 클리닝 장갑(우)

5 실 Yarn

인간은 유사 이래 여러 종류의 원료 또는 섬유로 실을 만들어 직물이나 니트 등을 만들어 왔다. 실은 의복소재 중의 하나로서 중요한 역할을 담당해 왔으며 최근에는 산업재료용으로도 사용된다. 섬유로부터 실을 제조할 때는 여러 도구 또는 기계가 사용된다. 인도 또는 멕시코의 고대 유적에서 돌로 만든 방추가 발견되어 기원전부터 방적을 하며 실을 만들고 옷감을 만들었다는 것을 알 수 있다. 18세기 말 산업혁명 전까지는 손이나 도구를 사용하여 실을 만들어 왔으며 이후 방적기, 역직기 등이 발명되어 섬유산업이 양적으로 발전하였다.

실은 구조 구성 과정을 통하여 포가 된다. 실의 형태를 거치지 않고 섬유에서 바로 포를 만들기도 하는데, 부직포, 펠트 등이 이에 해당한다. 실이 만들어지는 방식에 따라서 원단의 재질감, 느낌, 기능성, 두께, 무게 등이 변하게 된다. 그러므로 실 생산업체에서도 실 생산에 앞서 유행색과 트렌드 등을 미리 예측하고 조사하는 것이다.

4-29_ 부직포, 펠트로 만든 원피스

실의 종류
Yarn Type

실이란 '섬유를 길게 늘어뜨리면서 꼬아서 집합체를 이룬 것으로 가늘고 길게 연속된 섬유의 다발이다.' 실은 섬유의 종류, 길이에 따라 제조방법, 성질 및 용도 등이 다르다.

방적사 Spun Yarn

방적사spun yarn는 단섬유staple fiber를 방적하여 만든 실이다. 단섬유는 길이가 짧은 섬유로써 대부분의 천연섬유가 이에 해당되는데, 꼬임을 주거나 해서 강도를 높이며 실을 만드는 방적공정을 거쳐야 한다. 장섬유인 합성섬유로 천연의 느낌을 내거나 또는 천연섬유와 혼방하기 위해서 합성섬유를 비교적 길게 잘라 단섬유화시킨 뒤 이를 다시 방적하기도 한다. 장섬유는 거의 꼬임이 필요없지만, 단섬유는 꼬임을 주어야 하며 이를 위해 시간과 경비가 소비된다.

방적공정_ 원료인 단섬유는 뭉쳐 있거나 불순물이 포함되어 있어서 이를 wire brush로 부풀리면서 섬유를 잡아당기는 동시에 불순물을 제거해야 한다. 이를 슬라이버(sliver)라고 하며, 이러한 조작을 carding이라고 한다. Carding을 한 번 더 하게 되면 섬유의 배열이 더욱 평행해져 세사(細糸)를 얻을 수 있게 되는데, 이를 combing한다고 한다. 조금씩 길이 방향으로 잡아당기면서 가늘게 하고(draft), 꼬아 주면 실이 된다.

방적사는 실 표면에 잔털이 튀어나와 있고 비교적 유연하며 부피감과 따뜻한 감촉이 있다. 따라서 두껍고 보온성이 좋고 촉감이 부드러운 셔츠, 블라우스, 스웨터, 코트, 담요, 타월 등에 널리 사용된다.

필라멘트사 Filament Yarn

필라멘트사는 연속적인 장섬유filament fiber를 모아서 만든 실이다. 견사의 경우, 누에고치를 온탕 속에서 삶고 몇 개 고치의 실을 함께 모아 꼬면 실이 된다. 이 과정을 제사製絲라고 부르며, 이렇게 만든 실을 생사生絲라고 한다. 화학섬유의 경우에는 원료의 고분자화합물polymer을 약품이나 열처리하여 점액상으로 만들고, 이를 미세한 구멍nozzle으로 압출한방사, spinning 후 굳히면 가늘고 긴 섬유장섬유, 필라멘트섬유가 된다. 한 가닥의 필라멘트섬유를 실로 사용할 수도 있고monofilament사, 보통 몇 가닥 또는 수십 가닥의 필라멘트섬유를 합쳐서 실로 쓴다multifilament사.

4-30_ 필라멘트사 코오드(cord)를 이용한 원피스, Chris Moore, Viktor&Rolf, 2007

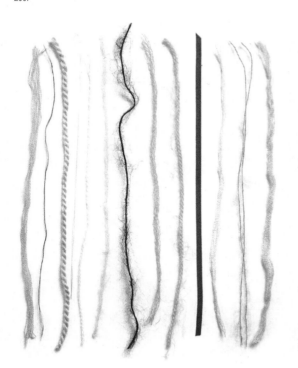

4-31_ 일반사와 금속사로 만든 다양한 포

필라멘트사는 감촉이 딱딱하고 강도, 신도가 좋으며, 약간 차가운 독특한 촉감이 있고 표면이 매끄러우며 광택이 크다. 드레스, 스카프, 란제리, 얇은 블라우스, 장식품 등에 사용한다. 합섬 필라멘트사는 열가소성이 있어 각종 필라멘트 가공사를 만들 수 있다.

나일론은 70d/24fil, 140d/48fil이 가장 일반적인 규격이며, 같은 굵기의 실이라도 내부의 필라멘트 가닥 수가 증가하면 부드러운 실이 된다.
폴리에스테르는 75d/36fil, 100d/49fil, 150d/72fil이 가장 흔한 규격이다.
견섬유는 20d/7fil, 40d/14fil, 60d/21fil 등으로 숫자가 커지면 실은 굵어진다.

4-32_ 합성섬유 필라멘트사로 만든 드레스

4-33_ 다양한 합성섬유 필라멘트사 포를 사용한 예

프랑시스코 코스타(Francisco Costa)

◁ 원단의 기하학적인 형과 표면특이성을 활용하여 자연스러운 느낌을 내면서도 여성성의 새로운 형태를 만들고 있다.

▷ 코스타는 간소한 형태의 이용과 다양한 착용이 가능함을 특징으로 하는데 옷의 착용성을 중시하였다. 2010 S/S

질 샌더(Jil Sander)

◁ 단순한 아름다움을 잘 표현하고 있으며 합성섬유 원단의 확장성을 활용한 작품이다. 2010 S/S

▷ 질샌더는 착용이 간편하고 편안함을 추구하는데, 미끈거리고 가벼운 원단을 사용하여 피부와 원단의 밀접함을 어깨선에서 표현하였다. 2000 S/S

단사와 합연사 Single Yarn & Ply Yarn

단사는 한 가닥의 실을 꼬아서 만든 것이고, 합연사合撚絲는 두 가닥 이상의 단사들을 함께 꼬아서 만든 것이다. 합연사는 단사보다 강도가 크다. 겉에서 보이는 합연 부분을 상연上撚이라고 하고, 밑에 두 개 이상의 단사들이 보이는 부분을 하연下撚이라고 한다. 주로 상연과 하연의 꼬임 방향을 반대로 하여 합연사의 결집력을 좋게 한다. 하연과 같은 꼬임 방향으로 꼬아서 상연을 만들면 더욱 딱딱하고 강한 실을 얻을 수 있다. 이를 사용해 원단을 만들면 표면이 울퉁불퉁하고 깔깔한 원단이 된다. 특수한 외관이나 느낌을 주기 위해 장식용 실은 다양한 방적과 꼬임을 주어 만들고 있다.

실의 꼬임과 합연 등을 통해서 다양한 재질감, 물리적, 심미적 기능을 향상, 조절할 수 있게 된다. 합성섬유 실은 제조과정에서 열을 통해 재질감을 설정할 수 있으며, 실 상태에서 가공, 염색 등을 다양하게 하기도 한다.

텍스처사 Texturing Yarn

화학섬유 필라멘트사는 부피감이 적고 매끄러운 감촉이 있으므로 촉감을 향상시키기 위하여 열가소성을 이용하여 크림프를 만들어 주어 텍스처사를 만들기도 하는데 신축성이나 부피감을 증가시킨다. 이를 통하여 방적사와 유사한 느낌이

멜란지 얀(Melange yarn)_ 빨강, 노랑 등 여러 색의 섬유를 혼합하여 실을 뽑는 것을 말한다.

프로스티드 얀(Frosted yarn)은 흰색, 검은색, 회색, 초콜릿색, 브라운, 베이지 등의 무채색으로만 된 멜란지 얀을 일컫는다.

일반사/단순사 (섬유 1종류)

단사

합연사

4-34_ 스페이스 얀 다이(Space dye)의 Maxi Sweater ◁
재활용 실을 이용한 프로스티드 얀의 편물 ▷

나면서 용도가 다양해진다. 몸의 형태에 잘 맞는 제품을 만들 수 있는 태를 갖게 하지만 실의 텍스쳐링 구조상 필링 또는 snagging이 일어나기 쉽다. 용도는 스웨터, 블라우스, 바지, 운동복, 파운데이션, 스타킹, 양말, 수영복, 스포츠웨어 등 널리 사용된다.

혼방사 blending yarn

직물에 최적의 특질을 부여하기 위해 두 종류 이상의 섬유를 섞어서 실을 만드는 방법이다. 혼방은 혼합한 재료의 중간적인 특성을 띄게 된다. 즉 합성섬유는 천연섬유나 재생섬유와 혼방함으로써 천연 감촉을 가지게 되고, 구김은 생기지 않게 된다. 감촉과 드레이프성 증진, 품질 및 기능 향상, 생산비용 절감 등 다양한 목적으로 혼방이 자주 이용되고 있다. 혼합비율에 따라 %_{중량비율}로 표시한다. 2종 이상의 섬유를 혼합하고 빗질을 하여 한 가닥으로 실을 뽑을 수 있지만, 중간단계 상태의 실_{sliver}의 여러 종류를 합하여 한 가닥의 실로 뽑을 수도 있다.

복합사 Composite Yarn / Complex Yarn

두 종류 이상의 섬유와 실을 조합한 것을 복합사라고 한다. 제조방법이나 형태에 따라 교합사, 다층 구조사, 혼섬사 등이 있다.

◈ 교합사 /combination yarn/

서로 다른 2종의 단사 두 가닥을 합쳐서 2합사로 만든 실이다. 조합하는 목적은 서로 부족한 성능을 보완하기 위해, 새로운 기능성, 감성, 심미성 등을 얻기 위해, 가격을 낮추기 위해, 양을 증가시키기 위해 등 다양하다.

◈ 다층 구조사 /복중층사, 複重層糸/

혼방사는 2종류 이상의 섬유가 섞여 있는 데 반해 다층 구조사는 특수한 혼방사로서 실이 2층 이상으로 구성된 것이다. 즉, 안쪽에는 폴리에스테르섬유가, 바깥쪽에는 면섬유가 배치된 경우가 그러하다. 이는 면섬유가 밖에 분포하여 촉감을 자연스럽게 해 주고 안쪽의 폴리에스테르섬유는 강도를 부여하게 한 것이다. 3층 구조의 복합사도 개발되었는데 보다 쾌적한 의류소재를 공급하고자 하는 노력에서 탄생한 것이다.

◆ **장섬유의 혼합 /異수축 혼섬사/**

두 종류 이상의 장섬유 필라멘트 속을 섞어서 한 가닥의 실을 만든 것이다. 균일하게 혼합하기 위하여 정전기를 발생시키거나 두 종류의 섬유를 동시에 방사하여 혼섬사를 만든다. 합성섬유의 열수축성이 다른 필라멘트사의 조합을 통하여 부피감이 큰 실을 만들 수 있다. 또는 굵은 필라멘트섬유와 가는 필라멘트섬유를 조합하여 유연하면서도 질긴 실을 만들 수 있다.

스트레치사 Stretch yarn / 탄성사

◆ **코어 방적사 /core-spun yarn/**

폴리우레탄이나 고신축성 폴리에스테르 등과 같은 필라멘트섬유를 심으로 넣고 방적공정에서 면이나 모, 합성섬유 등의 단섬유로 주변을 피복하면서 만든 실이다. 면사나 모사보다 강도와 신도가 크며 균제도가 우수한 실이 얻어지는데, 바깥쪽의 면, 모 섬유가 촉감을 좋게 만든다.

4-35_ 코어 방적사 스트레치사직물을 이용한 타이트 스커트, Gucci, 2003

◆ **커버링 얀 /covered yarn/**

폴리우레탄 필라멘트섬유를 심으로 넣고 필라멘트사나 방적사로 둘러 감은 실이다. 한 번 둘러 감은 Single covered yarn, 반대 방향으로 한 번 더 둘러감은 Double covered yarn이 있으며, DCY는 신축성이 좋아서 파운데이션, 수영복, 스타킹 등 인체를 강하게 조이는 제품에 이용된다.

라이크라(스판덱스)는 다른 섬유들과 혼합되어 신축성이 좋은데, 착탈의가 편하며 착용 후에도 의복 형태가 살아나므로 특히 스포츠웨어에 필수적이다.

표 4-2_ 많이 사용되는 스트레치사

종류	구조	신도	용도
코어 방적사 CSY(Core Spun Yarn)		50~150%	코어 스펀사, 단섬유로 감싸서 피복 효과가 높아 주로 외의류, 의류 부속품, 니트, 양말 등
더블 커버링 얀 DCY(Double Covered Yarn)		약 300%	가장 많이 사용되는 탄성사로 양말, 니트, 직물, 세폭직물 등
스판덱스 합연사 (Spandex Ply Yarn)		50~150%	단순히 합연한 것으로 외의류와 양말 등
에어 커버링 얀 (Air Covered Yarn)		약 300%	멀티 필라멘트사로 감싸며 공기분출에 의한 혼섬으로 벌키 텍스쳐의 니트 제품

4-36_ 스판덱스 합연사 편물을 이용한 스포츠웨어

장식사(여러 종류의 섬유 가능)_

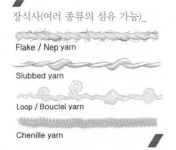

Flake / Nep yarn

Slubbed yarn

Loop / Bouclei yarn

Chenille yarn

Tweed_ 공장이 아닌 집에서 자아낸 실로 거칠고 굵기가 균일하지 않다. 홈 스펀사(Home spun)로 평직·능직을 짠 것을 말한다.

장식사 Novelty yarn, Fancy yarn, Specialty Yarn

실의 종류, 굵기, 색, 꼬임 등이 서로 다른 실을 합쳐서 꼬아 만든다. 루프loop, 노트knot, 불균일한 굵기슬러브, slub 등을 만들어 독특한 외관, 장식효과, 촉감을 가지게 만든 실이다.

금속사도 장식사의 일종인데, 라메, 메탈릭 yarn이라고 부른다. 고급의류, 무대의상, 커튼 등에 사용되고 있다. 원래 금은사는 금, 은, 금속의 얇은 박판을 가늘게 잘라서 꼬아 만들었으나 현재에는 폴리에스테르 필름에 알루미늄 박막을 접착시키거나 알루미늄을 진공 증착시켜 은색으로 만들고, 이를 쪼개서 생산한다. 이를 직접 꼬아서 만들기도 하는데, 일반사를 심사로 사용하고 그 주위를 금속사로 감아서 사용하기도 한다.

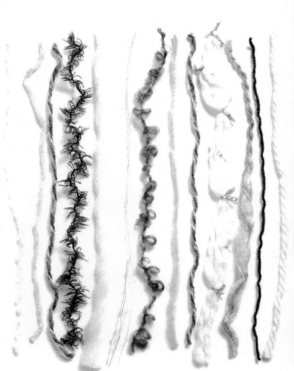

4-37_ 장식사의 종류와 이로 만든 다양한 포와 트위드(tweed)

4-38_ 서부 카우보이에서 영감을 받아 복합사를 늘어뜨린 아이디어로 개발한 디자인, Victoria Campbell, 2011 F/W

Spiral yarn_ 장식사의 일종으로 두 가지 색의 단사를 꼬아서 합연사를 만든 것이다. 삼색이 보이는 것이 특징이다.

장식용 실과는 달리 구리섬유를 사용하여 구두의 무좀 방지용 밑창이나 전자파 차폐용 커튼으로, 또 stainless steel 섬유를 대전방지용으로 카펫에 이용하거나 작업복에 혼입하는 등 기능성이 필요한 분야에 적용되기도 한다.

실의 성질
Yarn Property

실의 성질은 실을 구성하는 섬유와 구성방법에 의해 달라지며 특히 실의 꼬임과 굵기는 실/원단의 부피성, 함기성, 보온성, 촉감, 광택, 신축성, 유연성 등에 영향을 미친다.

실의 꼬임 Yarn Twist

실에 꼬임을 주게 되면 실이 잘 결속되어서 강도, 밀도가 증가하고 둥글고 연하고 부드러운 느낌이 나타나며 광택이나 촉감이 좋아진다. 그러나 어느 정도 이상으로 꼬임을 많이 주면 오히려 강도와 광택이 저하되며 깔깔하고 딱딱한 실이 되는데, 이를 사용하여 원단을 만들면 실의 길이가 짧아진 채로 원단 속에 들어 있게 되므로 잠재적으로 신축성이 큰 원단이 된다. 일반적으로 고가격 또는 직물 제직

4-39_ 강연사의 꼬임을 한 방향으로 사용하여 주름이 생긴 크레퐁(Crepon) 조젯

표 4-3_ 실에 따른 꼬임 수

	1m 사이의 꼬임수(Turns Per Meter)	
무연사	0	일반적 필라멘트사
약연사	300	필라멘트사, 편물용 직물, 기모용 직물, 위사
중연사	300~1000	경사
강연사	1000 이상	축면류, 죠젯, 크레이프류

꼬임 방향　　Z연　　S연

용의 실은 꼬임수가 비교적 높고, 기모용 또는 편성물 용도에 쓰이는 실은 꼬임수를 낮게 한다. 꼬임수가 낮으면 실/원단의 부피성, 함기성, 보온성, 촉감, 흡수성 등이 증가하는 반면에 광택, 강도, 신축성 등은 저하한다.

　　약연사는 유연하고 잔털이 많은 느낌이 있으므로 약연사 방적사로 포를 만들면 유연한 부피감이 있는 천이 된다. 무연사로 수자직을 짜면 광택이 좋다. 강연

4-40_ 다양하고 아름다운 실들

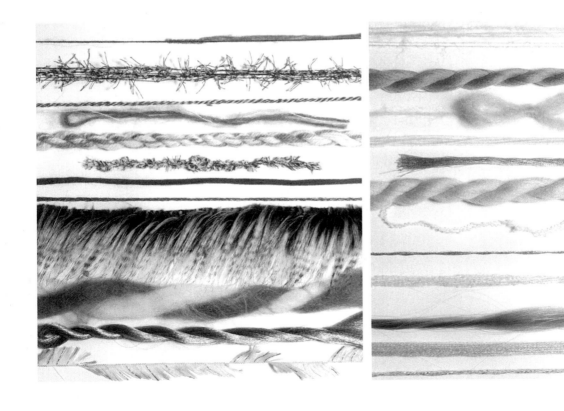

사로 포를 짜면 직물의 표면은 평편하지 않고 오돌도돌해지며 주름이 형성된다. 이는 실이 잡아당겨져 수축하기 때문이며, 냉감, 경연감, 요철감 등의 촉감을 느끼게 된다. 이때 S 방향과 Z 방향의 꼬임을 한 가닥씩 교대로 사용하면 주름이 사라진다.

실의 굵기 Thread Count

실의 굵기는 실의 길이와 무게의 관계로부터 간접적으로 표시하고 있다.

◈ 번수 /Yarn Number, 番數/

12수는 두꺼운 면 데님에 주로 사용되고, 60수는 고운 셔츠감에 많이 사용된다.

일정한 무게에 대한 길이를 사용하는 방법으로 항중식恒重式이라고 부른다. 면, 마, 모, 등의 방적사에 적합한 방법이다. 실의 종류에 따라 표준중량과 단위길이는 다르다. 면사의 경우 1파운드 섬유뭉치로 실을 만들었을 때 실의 길이가 1타래 8400야드라면 1번수이고, 동일한 양으로 30타래를 만들 수 있었다면 30번수가 된다. 마사의 경우 1파운드 섬유로 1타래3000야드를 만들었을 때 1번수가 된다. 번수는 숫자가 클수록 실의 굵기가 가늘다. 합연사의 경우에는 역수를 취해서 더하고 다시 역수를 취하면 된다. 즉, 40번수와 40번수를 합연하는 경우 1/40+1/40=1/20으로, 즉 합연사의 굵기는 20번수가 된다.

◈ 데니어 /Denier/

15D는 가벼운 란제리용이고, 100D는 백팩 등의 가방용으로 많이 사용된다.

일정한 길이에 대한 중량을 사용하는 방법으로 항장식恒長式이라고 부른다. 필라멘트사에 적합한 방법이다. 9,000m의 필라멘트사의 무게가 1g이라면 1D, 50g이라면 50D이다. 따라서 Denier 수가 커지면 실의 굵기는 굵어짐을 뜻한다. 합연사의 경우 50Denier+50Denier=100Denier로 계산하면 된다.

◈ **텍스 /Tex/**

항장식 표시법의 한 가지이다. 거의 모든 섬유와 실에 적용하고 있으며, ISO 국제
규격의 단위를 사용한 통일 규격이다. 1km 실의 무게가 1g이라면 1tex이다. 합사
를 하는 경우 10tex와 10tex를 합연한 실은 20tex의 실이 된다.

카드사/Carded vs. 코마사/Combed_
면사에는 실을 만들 때 한 번 빗질
한 카드사와 두 번 빗질한 코마사가
있다.

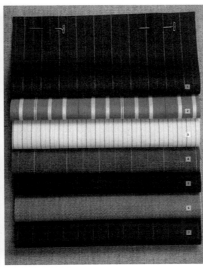

4-41_ 카드사 원단과 코마사 원단의 비교
굵고 짧은 섬유로 만든 방모사 woolend
원단, 가늘고 긴 섬유로 만든 소모사
worsted 원단도 이와 유사하다.

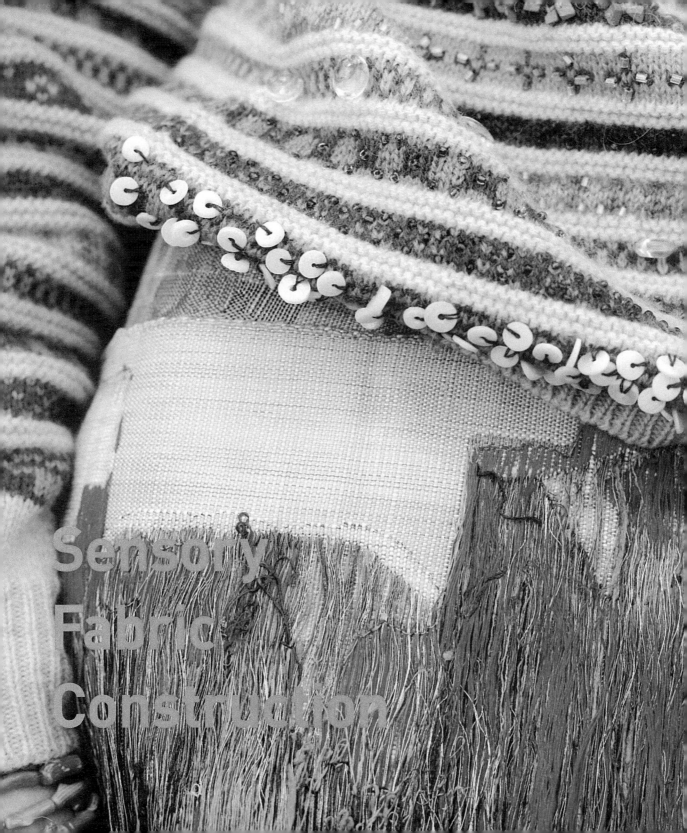

Sensory
Fabric
Construction

CHAPTER 5
감각적 텍스타일 조형

옷감으로는 실을 재료로 만드는 직물, 편성물, 레이스 등이 이용되며,

스프레이 직물처럼 고분자 용액을 사용하거나 부직포처럼

섬유로부터 직접 제조하는 것도 가능하다.

1 구조적인 직물
Structural Fabrics

직물은 섬유의 종류, 실의 특성에 따라 각기 다른 질감이나 표면 특성을 갖게 되며, 디자이너들은 이들의 이미지를 바탕으로 무게감이나 드레이프성을 고려하여 적당한 바디감이 있는 디자인 형태, 즉 Structure를 얻게 된다. 이런 형태를 얻는 직물을 구조적인 직물structural fabrics이라 하는데, 이는 경사와 위사가 직각으로 교차되어 얻어진다. 옷감의 길이 방향으로 배열되는 실을 경사라고 하고, 폭 방향으로 배열되는 실을 위사라고 하며, 교차방법을 조직이라고 한다. 조직은 조직점으로 나타내는데 경사가 부출된 곳을 ■ 또는 ⊠로 표시한다.

직물의 이름을 명명하거나 분류하는 방법은 그 특징의 기준을 어디에 두느냐에 따라 다양하다. 분류기준에 따라 만들어진 직물 이름의 예는 다음과 같다.

섬유의 종류	모시, 삼베, 텐셀, 레이온	직물 디자인	펜슬스트라이프, 타탄체크, 색동
실의 특성	스판직물, 셔닐	색	선염직물, 후염 직물, 나염직물, 양색직물
직물 조직	레노직, 도비직, 자카드직	외관	멜란지, 크레이프
편성물 조직	저지, 트리코, 라셀	사용목적	셔팅, 수팅, 덕
무게	경량light, 중량medium, 중량heavy	지역명	마드라스, 캘리코
가공	기모직물, 투습발수직물, 흡수속건직물		

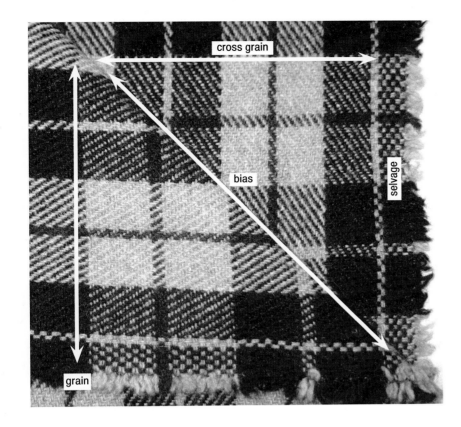

cross grain

bias

selvage

grain

그레인 라인grain line_ 경사와 위사가 흐르는 선을 그레인 라인이라고 하며, 그레인 라인이 정확해야 옷을 만들었을 때 또는 세탁 후에 뒤틀림이나 외관 손상이 없다.

5-1_ 그레인 라인

소재를 선택하는 주요 기준의 하나로 직물의 무게를 들 수 있는데, 무게와 함께 실의 굵기와 직물 밀도를 같이 알아두면 계절이나 용도에 적합한 소재를 선택할 수 있다.

무게는 경량light, 경-중량light to medium, 중량medium, 중-중량medium to heavy, 중량heavy 으로 나누어진다.

평직

경사와 위사가 한 올씩 교차되어 얻어지는 직물을 말한다. 같은 실이라면 가장 강한 직물이 되며 가장 널리 사용하는 조직이다. 날염이나 후가공이 가능하여 패턴에 의한 이미지 창출과 기능 부여가 용이하다. 가는 실을 사용하여 성글게

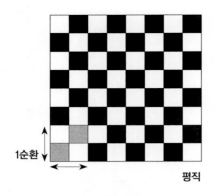

1순환

평직

균형 평직_ 시폰, 조젯과 같이 경위사의 굵기와 밀도가 거의 비슷한 직물

불균형 평직_ 태피터, 패일, 그로그란, 오토만과 같이 위사는 굵고 경사는 가늘어 이랑이 나타나는 직물

직물 종류별 이랑의 굵기는 태피터≅브로드클로스가 눈에 띄지 않게 작고, 포플린, 패일, 그로그란, 오토만의 순서로 증가한다.

제직하면 얇고 투명한 직물이 얻어지는데 이들은 로맨틱, 페미닌, 엘레강스 이미지를 얻기 좋다. 특히 얇은 옷감은 프릴, 셔링, 개더, 잔주름 등을 만들 수 있어 로맨틱, 여성적인 이미지가 증대된다. 실의 굵기가 서로 다른 실을 혼합하면 거친 느낌의 이미지가 얻어지고, 넵사 등의 장식사를 사용하면 거친 느낌과 함께 내츄럴 이미지를 얻을 수 있다. 경위사의 굵기와 밀도가 거의 비슷하면 균형 평직이라 하고, 다르면 불균형 평직이라고 한다. 경사는 가는 실을, 위사는 굵은 실을 사용하면 가로 방향의 골이 나타나게 되는데, 이들 옷감으로 만든 옷은 매우 우아한 이미지를 창출할 수 있다. 그외 밀도, 장력, 색 배합 등을 다르게 하여 다양한 직물을 제직할 수 있다.

오간디

깅엄

샴브레이

가벼운 평직물

시폰/조젯

경위사에 꼬임수가 많은 생사를 사용하여 제직한 후 정련을 완전히 하지 않은 직물로, 가볍고 비쳐 보임. 두 직물이 매우 비슷하여 근래에는 시폰과 조젯을 구분하지 않는 경우도 있음. 시폰은 조젯보다 광택이 좋고 매끈한 느낌을 주며, 조젯은 광택이 없고 까슬까슬한 촉감이 차별화되는 특징임.

오간디/오간자

가볍고 비쳐 보이며, 뻣뻣한 직물임. 필라멘트사로 제직한 것은 오간자이고, 스테이플사로 제직한 것은 오간디임.

보통 두께의 평직물

깅엄

경사에 색사와 표백사를 사용하여 평직이나 능직으로 제작한 체크무늬, 줄무늬의 면직물 또는 면 혼방 직물

샴브레이

경사에 색사, 위사에 표백사나 미표백의 면사를 사용하여, 표리가 모두 희끗희끗하게 보이는 직물

포플린

경사 밀도를 위사 밀도보다 크게 하거나 경사에 위사보다 가는 실을 사용하여 위사 방향으로 두둑효과를 낸 질긴 평직물

셔팅

중량이 가벼운 셔츠감의 총칭. 줄무늬, 체크무늬뿐만 아니라 평직의 바닥에 스킵 덴트, 도비, 자카드 등 다양한 변화직을 혼합하여 사용하기도 함.

크레이프드 신

경사에 무연사, 위사에 S, Z강연 생사를 교대로 두 올씩 넣어 제직한 위 크레이프 직물. 제직 후 정련하면 위사의 꼬임이 풀리면서 직물 표면에 크레이프 효과가 나타남.

태피터

나일론이나 폴리에스테르로 된 필라멘트사를 이용하여 치밀하게 짜서 매끄럽고 광택이 있음. 위사의 굵기가 경사보다 약간 굵어 가로 방향의 이랑이 나타남.

5-2_ 시폰드레스, 허지영 작품

5-4_ 포플린으로 만든 시크한 이미지의
원피스 드레스, Celine

양모크레이프

꼬임이 많은 S연과 Z연의 소모사를 교대로 사용, 평직으로 제작하여 크레이프 효과를 나타낸 직물

포럴

경위사에 강연의 까슬까슬한 포럴사를 사용하여 밀도를 적게 평직이나 변화조직으로 제작한 소모직물

트로피칼

꼬임이 많은 실을 사용하여 성글게 짠 가벼운 소모직물

5-3_ 셔팅직물의 활용

양모크레이프

포럴

트로피칼

무겁고 두꺼운 평직물

캔버스

합연 면사를 사용해 만든 강하고 치밀한 면직물. 경량의 덕을 캔버스라고도 함.

덕

경위사에 굵은 면사나 마사를 사용한 대단히 강한 직물. 의류보다는 신발, 가방 등에 많이 활용됨.

홈스펀

거친 방모사를 사용하여 제직한 직물. 능직으로 제작하는 경우도 있으며, 트위드와 유사함.

덕

홈스펀

5-5_ 캔버스 직물과 캔버스로 만든 재킷

능직

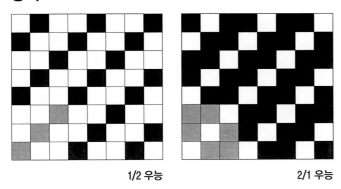

1/2 우능   2/1 우능

능선과 능선각_ 능선은 능직물의 표면에 비스듬히 나타나는 선으로, 이 능선의 각을 능선각이라고 한다. 서지는 능선각이 45°이며, 이것보다 능선각이 큰 것을 급능직, 작은 것을 완능직이라고 한다.

능직 표시법_ 경사가 위사 위로 올라간 것은 분자에, 위사 아래로 내려간 것은 분모로 나타내 매수를 알 수 있다.(예 : 2/2, 3/1)

능선 방향은 사선으로 표기한다. 좌능(\), 우능(/)

경사 또는 위사 한 올당 위사 또는 경사가 두 개 이상 교차되는 것으로 능선이 만들어지기 때문에 스포티한 느낌, 움직이는 느낌을 준다. 능선각이 클수록 일반적으로 내구성이 크다. 능선각이 큰 급능을 만들기 위해서 위사보다 많은 경사가 필요한데, 경사가 위사보다 꼬임도 많고 강하기 때문이다.

능직물은 아주 얇거나 두꺼운 것도 있지만 중간 정도의 무게medium를 갖는 것이 대부분이며 같은 조직이라도 실의 굵기에 따라 다양한 무게의 직물이 얻어진다. 다양한 체크무늬, 줄무늬 직물을 만들 수 있고 경위사가 부출되는 방법에 따라 경표면 능직, 양면 능직으로 분류할 수 있다.

5-6_ 능선이 드러나 보이는 휩코드로 만든 슈트

5-7_ 개버딘 트렌치코트

경표면 능직

경사가 직물 표면에 많이 나타나는 직물

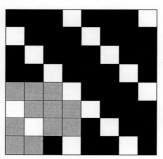

3/1 좌능

진
1/2의 면으로 된 좌능직. 데님보다 밀도는 크고 두께는 얇음.

데님
청색 선염경사와 미표백 위사를 사용하여 2/1 또는 3/1 능직으로 제직한 면직물표면은 청색, 이면은 백색이 나타나며 두껍고 질김. 근래에는 면혼방직물을 사용하기도 하며 조직과 색상도 다양해지고 있음.

개버딘
2/2 또는 3/1 의 능직물로 경사의 밀도가 위사의 밀도보다 커서 능선각이 60° 내외를 이루며 클리어 컷 가공을 하여 능선이 뚜렷하게 나타남.

진

데님

개버딘

트위드

경위에 굵은 방모사를 사용하여 능직으로 제직한 표면이 거칠고 비교적 무거운 직물. 주로 2/2능직이지만 헤링본, 산형능직, 능형능직 등의 조직으로 제직하기도 함. 트위드는 홈스펀과 실, 촉감, 용도 등이 비슷하여 구별하지 않는 경우가 많음.

티킹

경위사에 굵은 실을 사용하여 치밀하게 제직한 두꺼운 직물. 경사에는 백사와 색사를 일정한 간격으로 교대로 사용하고, 위사에는 백사만을 사용하므로 경사 방향의 줄무늬가 나타남.

트위드

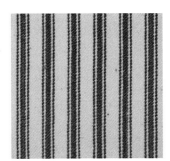

티킹

5-8_ 트위드 코트

서지

샤크스킨

헤링본

타탄

양면 능직

표면에 나타나는 경사와 위사의 수가 같은 능직을 일컫는 것으로 앞뒤가 같다.

2/2 우능

서지
2/2능직으로 제직하여 능선각이 45도를 이루는 소모직물. 실의 꼬임수가 많고 조직이 치밀하여 내구성이 좋으며, 구김이 잘 생기지 않아 바지감으로 널리 이용되나 계속 입으면 표면이 번쩍거림.

샤크스킨
경위사에 대조되는 색사를 교대로 배열하여 제직한 소모직물. 능선 방향과 반대 방향의 색선이 나타나 외관이 상어 피부와 같다고 해서 붙여진 이름

헤링본
능선의 방향을 주기적으로 바꾸어 산형山形 무늬가 균형있게 나타나 청어의 등뼈 모양을 닮은 조직을 가진 직물

하운드 투스체크
경사와 위사에 짙은 색과 옅은 색실을 4올씩 교대로 배열하여, 2/2 능직으로 제직하면 별모양 무늬를 나타낸 직물이 얻어짐.

타탄
스코틀랜드에서 가문의 전통에 따라 고유한 체크무늬 직물을 제직하여 사용하였는데, 2/2 우능직으로 제직하며 색사의 배합에 의하여 다양한 무늬가 얻어짐. 원래는 모직물을 이용하였지만 최근에는 여러 가지 섬유가 사용됨.

수자직

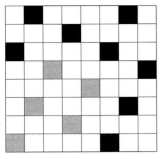

5매 수자직(비수 3)

8매 수자직(비수 3)

5-9_ 새틴 드레스, MIU MIU

경사 또는 위사가 길게 부출되도록 만드는 조직이다. 경사가 많이 부출된 것을 경수자, 위사가 많이 부출된 것을 위수자라고 한다. 광택과 부드러움을 목표로 하는 옷감은 수자직으로 만든다. 대표적인 것이 새틴이다. 광택효과를 더하기 위하여 필라멘트사를 사용하며 꼬임도 적게 준다. 탄력을 주기 위해서 꼬임이 아주 많은 크레이프사를 같이 이용하기도 하는데, 한면은 광택이 있는 새틴으로, 다른 한면은 오톨도톨한 크레이프 효과를 갖는 직물을 만들 수 있다.

새틴satin과 목공단Sateen
필라멘트사로 된 것을 새틴satin, 스테이플사로 된 것을 새티인sateen이라고 한다. 실크나 합성섬유는 대부분 필라멘트로 되어 있고, 면섬유는 스테이플로 되어 있어 면은 목공단이라고 하고 sateen으로 씀.

크레이프백 새틴과 새틴백 크레이프
꼬임이 많은 크레이프사와 꼬임이 없는 무연사를 경사 또는 위사로 사용하여 수자직으로 제직하면 한쪽은 부드러운 광택이 있고 다른 한쪽은 크레이프 효과가 나타난다. 광택이 있는 쪽을 앞면으로 쓰면 크레이프백 새틴이라 하고, 크레이프 효과가 있는 쪽을 앞면으로 하면 새틴백 크레이프라고 함.

샤머스
부드럽고 표면이 매끄러우며 우아한 광택이 있는 경수자 직물

다마스크
꼬임이 많은 크레이프사와 꼬임이 없는 무연사를 경사 또는 위사로 사용하여 부분 부분 경수자와 위수자를 만들어 무늬를 나타내는 직물

비수_ 교차점 사이의 실의 개수로, 수자직의 경우 교차점이 적어 매끄러운 직물을 얻을 수 있다.

새틴

5-10_ 샤머스로 만든 여성적인 파티웨어

변화직

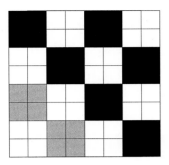

변화평직

평직, 능직, 수자직을 기본으로 하여 경사 또는 위사를 늘리거나 두 개 이상의 조직을 조합, 중합 또는 혼합하여 얻는 직물이다. 변화 조직은 제직이 복잡하여 생산 원가가 높아지기 때문에 주로 고급 의류에 사용된다. 옥스퍼드는 대표적 변화 조직을 갖는 직물로 경위사를 두 배로 늘려 만든다.

평직의 경우 변화직을 만들면 옷감이 유연해지고 통기성이 커지는 등의 장점이 있다. 변화직을 가장 많이 활용하는 것은 능직이다. 능선각을 크거나 작게 변화시키거나 능선의 방향을 연속적으로 바꾸기도 하고, 표면과 이면을 배합하기도 한다. 단색으로 하는 경우도 있지만 색사를 이용하면 다양한 이미지의 직물을 얻을 수 있다. 변화 수자직은 조직점을 늘려 내구성이 큰 직물을 얻거나 표면과 이면을 적절히 배치하여 무늬효과를 나타낼 때 쓰인다.

도비직

작은 단위의 무늬를 나타내는 직물은 일반직기로 제직하기 어려워 도비직기를 사용한다. 피케, 버즈아이, 와플클로스, 허커백 같은 직물은 도비직기로 생산된다.

옥스포드

피케의 앞과 뒤

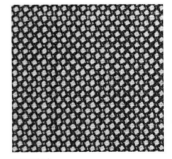

버즈아이

와플클로스

자카드직

큰 무늬의 옷감은 복잡한 구조로 되어 있는 자카드직기로 제직한다. 옷감 전체에 규칙적인 무늬뿐만 아니라, 경치, 사람 얼굴 등 원하는 문양은 무엇이든지 넣을 수 있다. 다양한 색을 넣기 위하여 여러 가지 색사를 사용하기 때문에 옷감이 두껍고 뻣뻣한 경우가 많다. 브로케이드와 양단이 대표적 직물이다.

지카드직

5-11_ 자카드직기

파일직

바탕직물에 파일사를 넣어 루프 또는 기모가 형성되는 직물이다. 두께가 두꺼워져 보온성이 증가되는 것 이외에 면섬유로 만드는 코듀로이의 경우 기모 후 만들어지는 골의 크기에 따라 스포티한 이미지, 와일드 이미지 등이 생성되며, 아세테이트, 레이온, 실크 등 필라멘트섬유로 만드는 벨벳의 경우 우아한 이미지를 생성한다. 부분 부분 파일을 눌러놓은 것은 크러쉬드 벨벳이라고 한다.

위파일직

코듀로이와 우단 벨베틴

면으로 된 바닥직물에 파일위사를 넣어 제직한 후 파일사를 잘라 내기 때문에 위파일직물이라고 한다. 경사 방향으로 골이 생기는 것은 코듀로이이고, 파일의 길이가 일정하여 매끄러운 표면을 나타내는 것은 우단이다. 코듀로이는 골의 굵기에 따라 대골, 중골, 소골 및 세골로 나뉜다.

여러 가지 굵기의 코듀로이

5-12_ 우단(벨베틴) 드레스

경파일직

벨벳

파일의 길이가 짧은 경파일 직물이다. 파일사로 견, 레이온, 아세테이트, 나일론 등의 필라멘트가 사용된다.

5-13_ 벨벳 드레스

이중직

두 쌍의 경위사를 사용하여 제직한 두 장의 중첩된 직물이 서로 분리되지 않도록 접결사로 연결시켜 1장의 두꺼운 직물로 만든 것이다. 앞뒤가 서로 다른 색이나 무늬를 갖도록 하는 경우도 있고, 클로크나 마틀라세처럼 부풀린 형태를 갖는 경우도 있다.

5-14_ 이중직으로 된 코트

클로크

마틀라세

레노직

경사 두 올이 위사를 사이에 두고 자리바꿈을 하게 제직하여 경사가 서로 꼬이게 만드는 것이다. 위사마다 꼬인 것도 있고 일정한 간격을 두고 꼬는 경우도 있다. 레노직의 특징은 실이 꼬여 있어 서로 미끄러지지 않기 때문에 거즈나 다른 성긴 직물과 달리 공간을 그대로 유지할 수 있다는 것이다.

레노직

엔지니어드 직물 Engineered weave

특정한 문양이나 색깔 또는 기능을 부여하기 위한 제직 방법을 말한다. 가장 널리 쓰이는 것은 탄성사를 이용한 것으로, 경사나 위사에 탄성사를 넣어 제직하면 몸에 편안하게 붙는 의복제작이 가능하다. 예를 들어 라이크라와 같은 탄성 소재를 신장시켜 위사에 같이 제작하면 허리 부분에 따로 다트를 넣지 않아도 몸에 피트되는 디자인을 얻을 수 있다. 형상기억 합금을 같이 넣어 제직하면 온도변화에 따라 길이가 조절될 수 있어 더울 때 소매 길이나 옷 길이가 짧아져 체온조절에 도움을 줄 수 있다. 칼라의 끝부분에 넣으면 칼라의 모양을 변형시키는 디자인 효과를 얻을 수 있다.

2 편성물
Loose knit

편성물은 니트라고 통칭되고 있으며, 편안함으로 대표되는 이미지를 갖는 소재이다. 느슨하게 루프loop를 얽어 만들어 신축성이 좋고, 공기함유량이 많아 통기성이 좋기 때문이다. 조직이 너무 느슨하여 필링이 생기는데, 이것이 니트 제품의 가장 큰 단점이다. 필링은 강한 합성섬유로 느슨하게 만들 때 많이 생기므로 촘촘하게 만들거나 천연섬유를 사용하여 최소화하고 있다. 최근 생산되는 트리코나 라셀은 필링의 발생이 최소화되어 있다.

니트의 종류는 직물과 마찬가지로 여러 가지 방법으로 분류할 수 있는데, 대표적인 것으로 루프를 가로 방향으로 연결하는 위편성물weft knit과 세로 방향으로 연결하는 경편성물warp knit로 구분된다.

위편성물

위편성물은 횡편기나 환편기로 얻어지는데, 손뜨개와 같은 원리이다. 이때 겉뜨기와 안뜨기로 루프를 형성하거나 건너뛰기, 옮기기 등의 방법으로 편성물의 조직을 디자인하게 된다.

세로 방향으로 이어지는 코를 웨일wale이라고 하고, 가로 방향으로 이어지는 코를 코스라고 한다. 환편은 튜브 형태로 만들어지며 그대로 쓰거나 가운데를 잘라서 직물처럼 만든 후 재단하여 사용한다.

위편성물

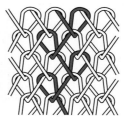

경편성물

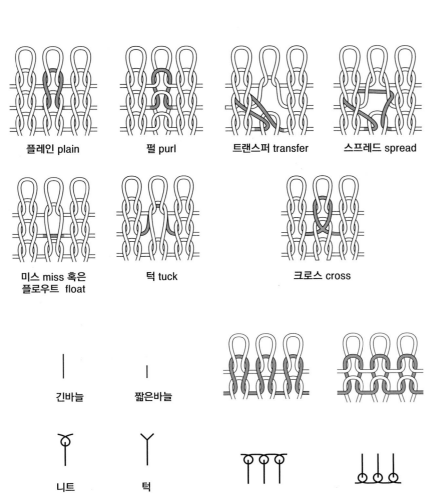

플레인 plain

펄 purl

트랜스퍼 transfer

스프레드 spread

미스 miss 혹은
플로우트 float

턱 tuck

크로스 cross

게이지_ 단위길이당 코 수를 계산하는 것으로, 실의 굵기와 바늘 굵기에 따라 정해지는데, 게이지는 필요한 실의 양을 계산하는데 필수적이다. 루프를 만드는 방법을 조직도로 나타내는데 바늘의 길이, 코걸기, 건너뛰기 등을 표시한다.

긴바늘

짧은바늘

니트

턱

겉뜨기

안뜨기

코스

웨일

평편 plain

편성물의 가장 기본적인 조직으로, 저지라고도 한다. 표면에는 웨일만 보이고, 이면에는 코스만 보여서 앞뒤가 뚜렷하게 구분된다. 티셔츠 등에 많이 쓰이는데, 끝이 말리는 단점이 있어서 봉제할 때 주의해야 한다.

펄편 purl

앞뒤에 모두 코스가 보이며, 포근한 느낌을 주고 신축성이 좋아 유아용 스웨터에서 흔히 볼 수 있다.

5-16_ 펄편

평편의 앞과 뒤

펄편의 앞과 뒤

고무편 rib

리브 조직이라고도 한다. 평편에서 표면의 웨일이 교대로 나타나는 것인데, 1×1, 2×2, 3×3, 2×3, 4×4 등 다양한 조합으로 만들 수 있다. 가로 방향의 신축성이 뛰어나 직물이나 편성물을 막론하고 흔히 허리, 소매, 목 부분의 단에 쓰인다. 반복 세탁에 의하여 늘어지는 경향이 있다.

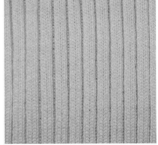

고무편

5-17_ 고무편

인터록의 앞과 뒤

인터록 interlock

양면편이라고도 한다. 1×1 고무편 두 개가 조합되어 있는 것으로, 표리가 같다. 올이 풀리거나 끝이 말리지 않아 정장용 의류를 만드는 데 흔히 쓰인다.

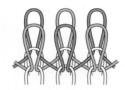

인터록

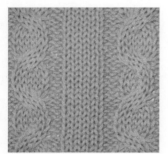

케이블 니트

케이블 니트 cable knit

기본조직은 평편으로 하고 케이블은 2~3개의 웨일이 엇갈리도록 하여 만들어지는 것으로써 엇갈리는 웨일의 수에 따라 2×2, 3×3, 4×4 등의 케이블 조직으로 분류한다.

링크스 앤 링크스

링크스 앤 링크스 links and links

펄편 조직의 응용조직으로 겉뜨기와 안뜨기를 일정 간격으로 배열하여 만드는 것으로, 바둑판 무늬로 입체적 효과를 얻을 수 있다. 겉뜨기와 안뜨기의 반복 수에 따라 2×2, 3×1, 3×2 등의 조직이 가능하다.

플레이팅 plaiting

두 세트의 편침을 가진 횡편기나 환편기를 이용하여 서로 다른 각도로 편직하여 얽어 내는 것으로, 서로 다른 색으로 무늬를 얻기도 하고 내구성이 좋은 편성물을 만드는 데 사용된다.

플레이팅

5-18_ 인타샤로 된 아가일 스웨터

인타샤의 앞과 뒤

인타샤 intarsia

인타샤는 인레이를 뜻하는 말로, 표면에서는 마치 프린팅한 것처럼 조직이 그대로 이어지고 이면에서만 실이 연결된 것이 보이도록 하는 조직이다. 평편 조직을 기본으로 하며 여러 가지 색을 사용하나 뒷면에 부유되는 실이 없어서 얇은 니트 제품의 생산이 가능하여 경량화 트렌드에 적합하다. 대표적인 다이아몬드 무늬인 아가일도 인타샤의 일종이다.

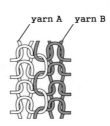

인타샤 조직

카디건 cardigan

리브 조직에 터크편을 응용한 것으로 겉면에 나타난 웨일 방향의 코들이 리브편보다 분명하게 보인다. 하프 카디건은 앞면과 뒷면이 다르나, 풀 카디건은 앞과 뒤가 같다. 하프 카디건은 같은 번수의 실로, 같은 게이지 같은 코수로 했을 때 리브편보다 편폭이 넓게 만들어진다. 또, 풀 카디건은 하프 카디건보다 더 넓다.

풀 카디건

생산 방법에 따른 니트 의류의 분류

하프 카디건

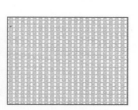

봉제 니트 평면형

봉제 니트 원통형

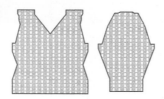

풀패션 니트

무봉제 니트

5-19_ 니트 생산법

봉제 니트 cut and sew

환편기, 횡편기, 자카드 편기, 트리코 편기, 라셀 편기 등 어느 편기나 사용 가능하며, 평면형 또는 원통형으로 제편한 뒤 직물에서와 같이 재단과 봉재 과정을 거친다.

풀패션 니트 Full fashion knitting

횡편기, 풀패션기 또는 자카드편기를 사용하여 코늘이기, 코줄이기를 통해 몸판, 소매, 칼라 등 기타 필요한 부분을 편직한 후 링킹기로 봉제를 한다. 주로 스웨터나 카디건에 이용한다.

5-20_ 무봉제니트 의류

무봉제 니트 whole garment knitting

무봉제 완벌편기를 이용하여 실에서 완전한 의복으로 편성되어 나와 재단과 봉제가 필요 없다. 양말의 경우 바닥은 인터록, 발등은 펄, 발목은 리브 조직을 사용하는 등 기능별로 다양한 조직이 같이 들어가게 된다. 원피스, 스웨터 등도 생산되고 있다.

경편성물

경편성물은 경사 방향으로 실을 배열해 놓고 이들을 서로 엮어 루프를 만들어 옷감을 만드는 것이다. 래핑 편침과 가이드 바의 수에 의해 좌우에 있는 경사를 얽는 제편 방법에 따라 매우 얇은 것, 직물보다 촘촘하고 내구성이 강한 것, 레이스, 두꺼운 것 등 다양한 제품이 얻어진다. 위편성물에 비하여 신축성은 적으나 올이 풀리지 않고 끝이 말리는 문제점이 적어 정장류에 직물처럼 사용될 수 있다.

가이드 바_ 경편성물을 제직할 때 경사를 편침에 거는 일, 즉 래핑을 돕는 장치

트리코

가늘고 균일한 필라멘트사로 만들어 표면이 매끄러우면서도 통기성이 우수한 옷감이 만들어진다. 가이드 바의 수에 따라 1바 트리코, 2바 트리코, 3바 트리코 등

래치바늘과 가이드바

트리코

으로 분류되는데, 앞은 일반적인 편성물로 보이지만 뒤는 가이드 바에 의하여 실이 좌우로 움직인 것을 볼 수 있다. 스포츠웨어의 안감이나 란제리로 널리 활용되고 있다.

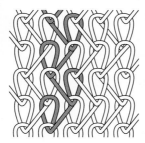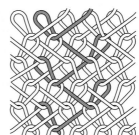

1바 트리코와 3바 트리코의 제편

라셀

수직 위치에 고정된 래치 바늘과 2~48개의 가이드 바를 이용하여 레이스와 같이 얇고 다공성인 것부터 아주 두꺼운 파일편에 이르기까지 다양한 편성물을 매우 빠르게 대량생산할 수 있다. 라셀 편성기가 개발된 후 폴리에스테르로 된 레이스는 페미닌한 이미지의 여름철 드레스, 셔츠, 블라우스를 대중화하는 데 큰 기여를 했다.

여러 가지 라셀 편성물

3 특수직물
Special Textiles

부직포

섬유를 만든 후 실의 제조과정을 거치지 않고 얽히고 설킨 웹web의 형태로 만들어 사용하는 것을 부직포라고 한다. 부직포는 다양한 두께로 만들어 방한용 패딩 의류의 충전재로 활용 가능하며 심감, 안감으로부터 패션의류까지 용도가 다양하다.

사용하는 섬유의 종류, 섬유의 길이, 웹을 접착하는 방법에 따라 위에서 언급한 의류용 외에 의료용, 위생용, 산업용, 기타 용도로 사용된다. 니들펀치, 스펀본드, 스펀레이스 등 제조방법에 따라 내구성이나 유연성 등이 다른 제품을 얻을 수 있다.

타이벡이라는 상품명으로 된 부직포는 종이처럼 만들어서 화학약품이나 열처리를 하여 세탁 가능한 의류를 만들기도 하고, 화학약품을 다루는 작업용 방호복, 반도체 회사의 작업자를 위한 무진복, 마스크 등으로 활용이 가능하다.

3차원적인 형태에 실처럼 되도록 뿌려서 특수제작한 직물로, 솔기 등이 없는 무봉제 의복이 만들어진다.

5-21_ 펠트

5-22_ 타이벡 작업복

5-23_ 무봉제 의류, Jungeun Lee

스프레이직물

Manal Toress가 개발한 것으로 고분자 용액이 들어 있는 캔에서 인체나 바디에 직접 분사하여 의복을 만들 수 있다. 물에 녹지 않아 땀이나 비에 의한 형태 변형이 없다. 입던 의복을 원래 사용했던 용매로 녹인 후 새로 분사해서 의복을 만들 수 있어 트렌드에 적합한 컬러나 형태로 재창출이 가능하다. 분사하는 양에 따라 두께가 달라져 인체 부위별로 또는 계절에 따라 보온성이나 디자인 조절이 가능하다. 바탕색과 무늬색을 달리하기도 하고 접어서 쓰기도 하는 등 착용자가 자유자재로 변화를 줄 수 있다.

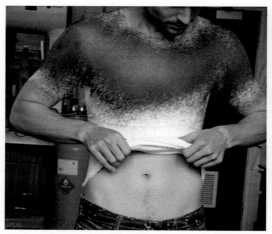

5-24_ 스프레이 직물

크로체

크로체는 프랑스 어의 후크에서 유래된 것이다. 후크, 즉 끝이 갈고리로 되어 있는 바늘을 이용하여 루프를 통해 실을 끌어내어 다시 루프를 만드는 방법으로 만들어진다. 한 번에 한 가닥의 루프를 기본으로, 바늘에 여러 번 감아 긴 기둥을 만들거나 원형, 삼각형, 사각형 등 형태나 크기를 다양하게 만들 수 있다. 바늘과 실의 굵기에 따라서 레이스와 같이 얇고 투명한 것을 만들기도 하고, 두툼한 스웨터나 숄, 모자, 가방 등을 만들 수도 있다.

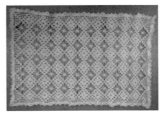

5-25_ 크로체로 만든 테이블 클로스

5-26_ 크로체로 만든 숄, 김은애

마크라메

아라비아의 미그라마, 즉 수놓은 베일이라는 뜻에서 유래한 것으로 스카프나 숄에 사용하기 위해 손으로 짠 매듭을 말한다. 요즈음에는 의복, 액세서리뿐만 아니라 화분을 벽에 걸기 위한 장식으로도 익숙하다. 줄, 노끈이나 약간 굵은 실을 이용하여 매듭을 만들고 이 매듭을 다양하게 배열하고 엮어서 만든다.

마크라메

레이스

올이 성긴 장식용 직물로 과거에는 수공으로 만들었지만 최근에는 라셀 편성물 기계로 대량생산이 가능하다. 수공으로 만든 것은 15, 6세기 이탈리아, 프랑스, 벨기에 등의 여러 도시에서 각각 다른 방법과 문양으로 개발되었으며, 니들 포인트 레이스, 보빈 레이스가 대표적인 기법이었다. 이들은 주로 트리밍, 칼라, 커프스 등에 사용하여 패미닌한 느낌을 강조하는 용도로 사용되었다. 대량생산이 가능한 라셀 레이스나, 리버 레이스, 튤 레이스, 케미칼 레이스, 임브로이더리 레이스는 사용하는 실이나 디자인의 섬세함에 따라 용도와 가격에 큰 차이가 있다. 이들은 트리밍뿐만 아니라 의류, 숄, 란제리 장식, 웨딩가운, 면사포 등 용도가 확대되었다.

니들 포인트 레이스_ 한 개의 니들과 한 개의 실로 만드는 자수 기법으로, 종이에 붙여 만든 후 종이를 잘라 없앤다.

5-27_ 레이스 드레스

보빈 레이스_ 두 개의 보빈을 엇갈리게 넣어 브레이딩 기법으로 만드는 레이스이다.

라셀 레이스는 라셀 경편성기로 제직하는 레이스이다. 리버 레이스는 1813년 J. Leaver가 만든 리버 레이스기로 만든 일종의 경편레이스이다. 튤 레이스는 경편으로 오각형이나 육각형의 루프를 만들고 여기에 굵고, 광택 있는 실을 이용하여 밀도가 높게 자수를 놓아 자수효과가 두드러져 보이게 할 수 있다.

케미컬 레이스는 임브로이더리 레이스의 일종으로 바탕천에 큰 무늬를 자수한 후 바탕천을 용해하여 만든다. 최근에는 바탕천으로 수용성 비닐론을 사용하고, 여러 가지 색의 실로 자수를 놓은 다음 비닐론을 물로 용해시켜 만들기 때문에 과거에 비해 비교적 제조가 간단해졌다.

임브로이더리 레이스는 바탕천에 여러 가지 실을 이용하여 자수기법으로 무늬를 넣은 레이스이다.

라셀 레이스

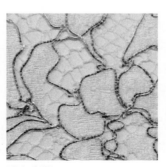

리버 레이스

튤 레이스

케미컬 레이스

임브로이더리 레이스

5-28_ 리버 레이스기

폼

고분자 용액을 공기와 섞으면 거품이 되고 이것을 고정시킨 것이 폼이다. 이때 원하는 형태로 고정시켜 어깨패드나 브라 등에 이용 가능하며, 특수의복에도 사용된다. 최근에 개발되는 폼은 가볍고 부드러우며 유연하여 스포츠 의류에서 충격을 흡수하는데 사용되기도 한다. 폼은 개방형 폼 또는 밀폐형 폼으로 되어 있는데, 개방형 폼은 누르면 공기가 빠져나가지만 밀폐형 폼은 각 셀이 독립적으로 되어 있어 공기가 빠져나가지 못하기 때문에 충격을 흡수하는 보호복을 만들 수 있다. 특수 폴리머로 만든 폼은 착용 시에는 유연하나 충격을 흡수하면서 딱딱해져 충격 받은 부위를 보호할 수 있다.

Textile Surface Modification and Decoration

CHAPTER 6
표면 가공과 장식

직물을 제직한 후 프린팅, 자수, 비딩과 장식, 가공 등의 다양한 표면처리 방법을
적용하여 무늬, 색상, 질감 등을 변형하고 심미성을 증진시킬 수 있다.
어떤 기법이 사용하는 직물에 가장 적절한지, 표현하고자 하는
디자인을 잘 나타낼 수 있는지, 사용하는 기법이 직물의 성능에 영향을
주지는 않는지, 장식이 과하여 너무 무거워지거나 비실용적이지 않은지,
세탁이나 관리에 문제는 없는지 등 여러 측면을 고려해야 한다.
특히 세탁과 관리 측면은 샘플을 제작하여 시험해 보는 것이 바람직하다.

1 프린트
Print, 날염

프린팅printing은 직물에 색상과 문양을 도입하는 방법 중 가장 다양하게 응용되는 중요한 표면처리 방법이다. 프린트는 소비자가 의류제품을 구매하는 중요한 동인이 되기도 한다. 프린팅이란 단어는 압력을 사용한다는 의미를 내포하고 있으며, pressing을 의미하는 라틴어에서 유래하였다. 최초의 프린팅 기법인 블록block 프린팅에서부터 롤러roller 프린팅, 스크린screen 프린팅, 트랜스퍼transfer 프린팅, 최근의 디지털digital 프린팅, 직물에 직접 그리는 핸드 페인팅까지 다양하다. 날염기술은 혁신적으로 발전하고 있으며 다른 가공기술과 조합되어 눈을 끄는 심미성과 새로운 질감을 부여하여 창의적인 소재를 개발하는데 많이 응용되고 있다. 무늬, 색상, 재질감을 다양하게 표현하기 위해서 안료pigment, 잉크inks, 플록flock, 반짝이glitter, 포일foil, 퍼프puff, 합성고무 등 여러 가지 매체를 단독으로 또는 복합해서 사용하고 있다. 성공적인 텍스타일 프린팅을 위해서는 정확한 매체를 선택하는 것이 중요하다. 매체는 옷감에 적합한 것이어야 하며, 패션의 목적에 맞으면서도 다루기 용이해야 한다.

공정 종류
Type of Process

블록 프린팅 Block printing, 목판 날염

나무, 리놀륨linoleum, 고무와 같은 단단한 재료에 무늬를 음각으로 새겨 목판을 만들고 잉크를 묻혀 직물 위에 목판을 눌러 주면 무늬가 생긴다. 반복 무늬를 가장 손쉽게 만들 수 있으며 인도에서는 수공적인 블록 프린팅 방법으로 정교한 무늬의 직물을 생산하고 있다.

6-1_ 프린팅 블록 ◁

6-2_ 블록 프린팅 작업 ▷

스크린 프린팅 Screen printing

스텐실링Stencilling이 확장 발전된 방법으로 나일론 메쉬천 위에 감광액을 코팅하여 무늬 부분을 자외선으로 감광시킨 후 수세 제거하여 스크린판을 만든다. 직물 위에 스크린판을 대고 스퀴즈 롤러로 잉크를 고르게 밀어 내면 무늬가 직물에 프린트된다.

로터리 스크린 프린팅 Rotary-screen printing

실린더형의 스크린이 계속 돌아가면서 직물과 접촉하여 문양을 프린트하는 방법으로, 평면의 스크린 프린팅을 자동화한 것이다. 스크린 안쪽에서 공급되는 날염호는 고정되어 있는 스퀴즈에 의해 디자인 부분을 통과하며 밀려 나가고 직물 위에 문양이 프린트된다. 문양에 사용된 색의 수만큼 스크린이 필요하다.

6-3_ 스크린 프린팅 직물 샘플

6-4_ 롤러 프린팅한 에르메스 백

롤러 프린팅 Roller printing

금속 실린더에 무늬를 새겨서 직물 위에 무늬를 연속적으로 대량 프린트할 수 있는 방법이다. 초기에는 한 가지 색만 가능하였지만 요즈음에는 색상 수만큼 롤러를 두어 다색상 프린팅이 가능하다.

핸드 페인팅 Hand painting

붓이나 스펀지 등을 이용하여 직물 위에 직접 그리는 방법으로, 긴 직물의 경우 오랜 시간이 걸린다. 그러나 세상에 하나밖에 없는 예술적이고 창의적인 문양을 만들어 낼 수 있다.

6-5_ 핸드 페인팅 드레스, Gilbert Adrian, Jean Paul Gaultier

트랜스퍼 프린팅 Transfer printing, 전사 날염

먼저 전사지 위에 염료로 디자인한 문양을 그린 다음, 이 부분을 직물 위에 덮고 열과 압력을 가하면 염료가 승화되거나 녹아 직물 내부로 침투해 디자인이 전사되도록 하는 방법이다. 많은 색상을 동시에 전사할 수 있어서 복잡한 프린트도 가능하며 전처리할 필요가 없어 편리하다. 천연섬유 직물에도 가능하지만 조밀하고 표면이 매끈한 마이크로파이버 직물을 사용할 때 가장 좋은 결과를 얻을 수 있다. 합성섬유 직물을 사용하면 전사 날염을 하기 위해 열과 압력을 가할 때 영구 주름이나 구김효과를 동시에 부여할 수 있다.

6-6_ 전사 날염한 티셔츠

디지털 프린팅 Digital printing

컴퓨터로 워드 문서 작업을 하여 잉크젯 프린터로 문서를 프린트하는 개념을 직물에 도입한 것이다. 컴퓨터로 디자인 작업을 하여 직물 위에 직접 한 번에 프린트하는 방법으로, 고선명도의 무늬를 다양한 크기로 반복할 수 있다. 다른 날염 기술로는 표현하기 어려운 자연계 동식물의 미세하고 초현실적인 이미지, 거울에 복잡하게 반사된 3차원적인 이미지, 환상적이고 신비로운 이미지 등도 제작이 가능하다. 또한, 드로잉, 콜라주, 사진, 3차원적인 오브제의 이미지를 스캔한 후 다양한 소프트웨어 기법을 이용하여 조작하면 매우 다양한 디자인을 만들어 낼 수 있다. 디지털 프린팅은 대부분의 직물형태에 적용이 가능하지만 날염하기 전에 전처리가 필요하며, 프린팅한 뒤 디자인을 고착시키기 위해 스팀 처리한 후 전처리제와 여분의 염료를 제거하기 위한 수세과정이 필요하다. 디지털 프린트용 안료잉크 제조기술이 나노기술에 의해 빠르게 발전하고 있으며, 디자인 작업을 컴퓨터로 하기 때문에 시간이 많이 절약되어 빠른 패션 변화에 대응하는 데 유리하다. 물을 사용하지 않으므로 친환경 기술이라고 할 수 있다.

6-7_ 초현실적인 패턴의 디지털 프린팅

발염 Discharge printing

어두운 색으로 염색한 직물을 탈색하거나 표백제를 넣은 날염호를 만들어 프린트한 뒤 배경색을 탈색시켜 연한 색의 이미지를 넣는 방법으로, 블루진에 많이 이용한다.

드보어 프린팅 Devoré printing

천연섬유와 합성섬유의 교직물을 이용하여 천연섬유를 용해하는 화학물질이 포함된 날염호를 프린트하고, 열을 가해 태워서 제거하여 합성섬유를 문양으로 남기는 방법으로 번아웃Burn out이라고도 한다.

그 밖에 접착제를 프린트한 후 그 위에 짧은 섬유를 뿌려 위로 도드라진 펠트 효과를 내거나 반짝이glitter, 금속 포일foil 등을 이용하여 화려하고 장식적인 이미지 효과를 낼 수 있다. 다양한 색상과 광택의 잉크를 사용하면 다채로운 표면장식 효과를 낼 수 있으며, 부풀음puff 잉크를 프린트하여 열을 가하면 직물에 입체적인 부조효과도 부여할 수 있다.

6-8_ 발염한 데님 바지, Balmain ◁

6-9_ 드보어 프린팅한 드레스, Balmain ▷

6-10_ 화려한 플로랄 프린트

문양
Pattern

문양은 옷의 스타일과 무드, 옷의 이미지 등에 매우 큰 영향을 주므로, 패션 정보 기관에서는 매 시즌별로 프린트 패턴의 트렌드를 예시한다.

꽃무늬 Floral
꽃을 모티프로 하며 매 시즌 인기가 있다.

6-11_ 플로랄 프린트, Donna karan, Etro

6-12_ 잔잔한 플로랄 프린트

기하학적인 Geometric

각이 있는 도형 문양으로, 추상적인 이미지를 준다.

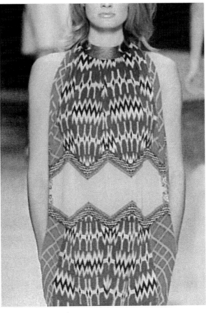

6-13_ 기하학적 패턴 프린트, Prada, Etro

에스닉 Ethnic

이국적인 이미지를 주며 중국, 티베트, 인도, 아프리카, 인디언 등의 고유의 문양과 색상을 연상시키는 디자인을 말한다.

6-14_ 에스닉 패턴 프린트, Dries Van Noten, Proenza Schouler

회화적인 Conversational

일상의 모습이나 사물을 반복적으로 배치하거나 스토리텔링이 있는 이미지를 보여 준다.

6-15_ 회화적인 패턴 프린트, Prada, Versace, Dolce & Gabbana

페이즐리 Paisley

식물 형태로부터 개발한 작은 물방울 형태의 무늬로서 스카프나 숄에 많이 사용한다. 원래 페르시아에서 유래되어 페르시안 피클Percian pickles이라고도 한다.

6-16_ 페이즐리 프린트, Etro

물방울 Dots

단색의 둥근 모양의 무늬로 크기와 색에 따라 그 이미지와 느낌이 매우 다르다.

6-17_ 도트 프린트

스트라이프 Stripes

가로나 세로 또는 대각선의 선에 의해 나타나는 무늬로, 줄의 색상, 줄의 넓이와 간격 등에 따라 차분한 분위기에서 역동적이고 강렬한 이미지까지 다양한 이미지를 준다.

체크 Checks

가로세로의 줄을 교차시켜 나타나는 무늬로, 줄의 넓이와 간격, 색상에 따라 매우 다양한 이미지의 체크를 디자인할 수 있다. 특히 다양한 색을 사용한 스코틀랜드 체크를 타탄$_{tartan}$이라고 하며, 같은 넓이의 한 가지 색의 작은 체크 패턴의 직물을 깅엄$_{gingham}$이라고 한다.

6-18_ 스트라이프 프린트,Kinder Aggugimi, Vivienne Westwood, Marni

6-19_ 체크 프린트, Daks, Dolce & Gabbana ◁

6-20_ 깅엄, Michael Kors ▷

옹브르 _{Ombrē}

한 색상에서 다른 색상으로 점진적으로 변화하는 기법으로 그라데이션_{gradation}이
라고도 한다.

6-21_ 옹브르 프린트, Armani, Celine

카무플라주 _{Camouflage}

원래 전투 시 적으로부터 몸을 은폐할 목적으로 주변 환경과 유사한 색상과 무
늬를 사용하여 구별이 되지 않도록 디자인한 것이다. 주로 군복에 사용해 왔으
나, 오늘날에는 영캐쥬얼복에 많이 사용한다.

6-22_ 카무플라주 프린트, Kenzo

애니멀 Animal skins

뱀, 표범, 얼룩말, 고양이 등 동물 가죽의 문양을 모방한 무늬로 직물, 부직포, 가죽 표면에 프린팅한다.

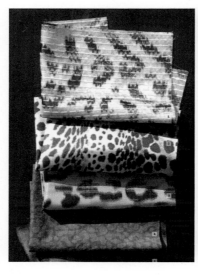

6-23_ 애니멀 패턴 프린트

트롱프뢰유 Trompe l'œil

프린트에 의해 옷에 3차원적인 착시효과를 주는 이미지이다.

6-24_ 트롱프뢰유를 이용한 가방

6-25_ 트롱프뢰유를 이용한 옷, Rosalind

그래픽 Graphique

사물을 도식화하여 표현한 이미지이다.

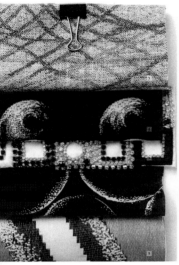

6-26_ 그래픽 패턴 프린트,
Balenciaga, Elie Saab

트왈드주이 Toile de Jouy

밝은 배경에 목가적인 풍경을 한 가지 색상으로 섬세하게 묘사하여 반복 배치한
디자인을 일컫는다.

6-27_ 트왈드주이 슈트와 칵테일드레스,
Jean Charles de Castelbajac,
Christian Lacroix

6-28_ 시누아제리 드레스, Balmain

올 오버 All over

문양이 직물에 전체적으로 적용되어 배경보다 더 많은 면적을 차지하는 디자인을 말한다.

시누아제리 Chinoiserie

프랑스 용어로, 중국을 상징하는 탑, 사원, 용 등의 모티프를 이용한 디자인을 말한다.

사이키델릭 Psychedelic

색채와 무늬가 환각상태를 연상시키는 디자인을 말한다.

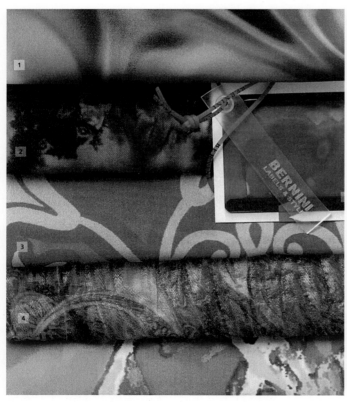

6-29_ 사이키델릭 패턴 프린트

2 자수
Embroidery

자수는 실을 사용하여 다양한 스티치를 조합한 후 의복을 완성하기 전이나 후에 직물 표면에 부분적으로 또는 전체적으로 장식하는 방법으로, 수공 또는 기계로 가능하다. 자수는 장식적인 목적 외에 단춧구멍과 같이 의복의 기능상 꼭 필요한 부분을 만드는 데에도 이용된다. 실루엣은 단순하게 하고 자수를 이용하여 시각적인 장식을 강하게 함으로써 의복에 표정과 개성을 줄 수 있다. 자수는 특정한 문양이나 형상뿐만 아니라 질감에도 미묘한 뉘앙스를 줄 수 있는데, 예를 들면 바닥직물과 같은 색상으로 도드라지게 자수를 하면 엠보싱과 같은 입체효과를 줄 수 있다. 자수하는 과정에서 비드나 세퀸을 부가하거나 장식적인 트리밍을 병행할 수도 있다.

기본 스티치에는 새틴 스티치, 크로스 스티치, 체인 스티치, 버튼홀 스티치 등이 있으며, 오픈 워크, 니들 워크, 풀드 워크, 블랙 워크, 화이트 워크, 기계자수 등 다양한 기법이 있다.

6-30_ 새틴 스티치

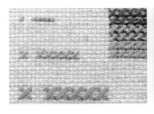

6-31_ 크로스 스티치

6-32_ 크로스 스티치를 이용한 옷과 백, Dolce & Gabbana

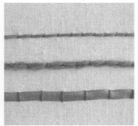 

6-33_ 카우칭 스티치

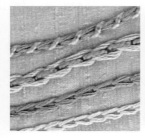 

6-34_ 체인 스티치

6-35_ 블랭킷 스티치 ◁
블랭킷 스티치를 이용한 코트 ▷

6-36_ 자수를 이용한 드레스,
Dior

오픈 워크
Open work

직물에 직접 구멍을 내거나 올을 잡아당겨 제거한 후 자수로 마감하는 방법으로, 레이스와 같은 외관을 나타낸다. 컷 워크, 아이렛 레이스, 브로드리 앙글레즈가 이에 해당된다.

6-37_ 레이저 컷을 이용한 정교한 무늬,
Unique, Holly Fulton

화이트 워크
White work

전통적으로 흰 옷감에 흰 실로 스티치한 오픈 워크를 말하며, 브로드리도 화이트 워크에 속한다.

컷 워크
Cut work

옷감을 정교한 패턴으로 잘라 내어 장식적인 효과를 부여하는 방법으로, 잘라 낸 부분의 가장자리가 풀리지 않도록 윤곽을 스티치로 마감한다. 최근에는 레이저 컷laser cut을 사용하여 보다 정교하고 복잡한 패턴을 잘라 낸 후 가장자리를 용해시켜 깔끔하게 마감할 수 있다.

브로드리 앙글레즈
Broderie anglaise

자수라는 뜻의 프랑스어로, 반복적인 아이렛 패턴으로 천을 잘라 내고 끝이 풀리지 않도록 스티치하는 방법이다. 기계를 이용하여 대량 생산할 수 있다.

6-39_ 브로드리 앙글레즈, Stella McCartney

캔버스 워크
Canvas work

직조한 것처럼 바탕직물이 보이지 않도록 촘촘하게 규칙적으로 스티치하는 방법
이다.

크루얼 워크
Crewel work

크루얼사두 가닥의 실을 합연한 소모사를 사용한 장식적인 바느질 작업을 말한다.

풀드 워크
Pulled work

실을 뽑아 내지 않고 직조구조의 경사와 위사를 잡아당겨 스티치한다. 느슨하게
직조한 직물을 사용할 때 가장 효과가 좋으며, 잡아당겨 붙잡아 두는 실은 보이
지 않도록 아주 가는 실을 사용한다.

6-40_ 캔버스 워크

6-41_ 크루얼 워크 ◁

6-42_ 풀드 워크, *Lorelei Halley* ▷

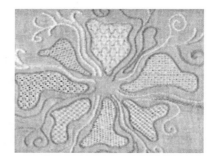

드론 워크
Drawn work

경사와 위사를 잡아 빼내고 나머지 실들은 잡아 주며 구멍 난 여백은 스티치와
바느질로 장식한다. 따라서, 조직이 느슨한 직물에 적용하는 것이 적합하다. 드론

워크의 변형으로 남은 위사와 경사를 모둠을 만들어 엮는 니들 위빙_{needle weaving}
이 있다.

블랙워크
Blackwork

화이트 린넨 천에 검정색 면사로 직선의 스티치를 사용하여 작은 반복패턴을 만
들거나 굵기가 다른 실을 사용하는 방법으로 다양한 톤과 농담 효과를 줄 수
있다. 이 기법은 원래 스페인에서 기원되었으나 유럽의 여러 나라에서 많은 변형
된 방법이 생겨나 옷의 칼라와 소매, 모자, 베개 커버 등에 사용되어왔다. 섬세
하고 장식적인 디자인을 표현하기 위해 금사, 은사, 세퀸 등을 사용하기도 한다.

마운트멜릭 워크
Mountmellick work

밀도가 높은 흰 옷감에 부드럽고 광택이 없는 면사로 자연물 문양을 두드러지게
스티치하여 디자인하고, 보통 편물 술장식으로 마무리한다.

섀도 워크
Shadow work

얇은 직물의 이면에 헤링본이나 더블 백 스티치로 작업하여 뒤집으면 그림자같이
희미하고 아련한 형태가 나타나게 하는 방법이다.

6-43_ 블랙 워크

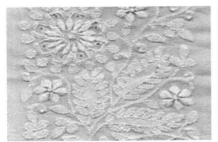

6-44_ 섀도 워크

바젤로 워크
Bargello or Florentine work

캔버스 직물에 수직선으로 스티치하여 지그재그 패턴으로 디자인하며, 지그재그 선의 색을 변화시켜 패턴을 만든다.

패치 워크
Patch work

천 조각들을 이어 붙이는 기법으로, 우리나라의 조각보 기법도 이에 해당된다. 천 조각을 기하학적인 패턴으로 또는 불규칙적으로 바느질하여 이어 붙일 수 있으며, 천의 색상과 종류, 천의 배열에 의해 디자인이 만들어진다.

6-46_ 아플리케, 자수, 패치 워크를 이용한 옷, Dior

퀼팅
Quilting

두 겹의 원단 사이에 솜, 깃털 등을 넣고 함께 스티치로 고정하여 안정적이고 보온성이 있는 원단을 만든다. 점선이나 실선으로 스티치하여 다양한 패턴을 써서 보다 장식적인 입체효과를 줄 수 있다. 패드 처리한 원단에 손바느질로 스티치한 것과 재봉틀로 박은 것은 서로 다른 효과를 준다. 퀼팅에 사용하는 원단의 종류와 재질, 작업 솜씨, 스티치의 종류와 양에 의해 부피와 보온성이 달라진다.

6-47_ 퀼트 직물 ◁

6-48_ 퀼팅을 이용한 옷, Vandevorst, Giles ▷

아플리케
Applique

옷감 조각을 다른 옷감 위에 스티치하여 붙여서 장식효과를 내는 기법이다. 밑옷감 위에 모양을 낸 천 조각을 붙이거나 또는 천 조각을 붙인 다음 윗 부분을 잘라내서 아래 옷감이 드러나 문양의 윤곽을 형성하는 역아플리케reverse appliqué 기법이 있다. 역아플리케는 각 모양의 윤곽을 도드라지게 하여 표면에 선명하고 화려한 질감을 준다.

6-49_ 아플리케를 이용한 드레스, Alexander Mcqueen

스모킹
Smoking

스모킹 기법은 옷에 풍성함을 주기 위해 섬세하게 세로로 잡은 주름을 장식적인 스티치로 고정한 것이다. 기능적이면서도 장식적인 효과를 주기 위해 사용한다.

6-50_ 허니콤 스모킹, Givenchy

3 직물 조형처리
Fabric Manipulation

주름장식gathering, ruching, 터킹tucking, 플리팅pleating, 접기folding, 싸기wrapping, 구기기wrinkling, 비틀기twisting, 매듭knotting, 웨이브, 퍼프, 돌출 모양projections, 트임openings 등과 같은 조작을 한 가지 또는 여러 가지를 조합하여 편평하고 밋밋한 직물에 새로운 차원의 질감과 부피감, 부풀음, 지지 등 입체적이고 구조적인 장식 효과를 부여하는 방법을 말한다.

주름장식
Gathering, Ruching

원단의 가장자리 가까이에서 손바느질로 홈질을 하거나 재봉틀과 자동기계를 이용하여 스티치를 한 다음 실을 잡아당겨 작은 주름을 만드는 것으로, 스티치 선에서 주름 분만큼 원단의 길이가 줄어든다. 풍성한 볼륨을 원할 때 사용하는데 주름의 거리와 깊이에 따라 풍성함이나 느낌이 달라지며, 고무줄이나 고무실을 이용하면 신축성도 생긴다. 부드러운 소재를 사용하면 흐르는 주름이 만들어지고 딱딱한 소재를 사용하면 빳빳한 주름이 만들어진다. 또한, 여러 단으로 층을 주어 주름을 잡으면 볼륨이 엄청나게 늘어난다. 주름의 크기, 주름단의 넓이 및 수, 주름단의 간격 등에 따라 옷의 실루엣과 느낌을 다양하게 표현할 수 있다.

러플
Ruffles

러플은 가늘고 긴 원단에 개더나 플리츠를 잡아 가장자리에 구불거리는 주름을 만드는 것으로, 다른 원단에 부착하여 입체감을 주고 가장자리를 나풀거리게 마무리하여 장식효과를 낸다. 러플은 넓거나 좁게, 한쪽 끝 또는 양쪽 끝에 작업할 수 있고, 한쪽 끝이나 양쪽 끝에서 나풀거리는 자락을 아래로 늘어지게 하거나 튀어나오게 하여 직선, 곡선, 각진 선에 배치할 수 있다. 하나 또는 여러 단을 층층으로, 띄엄띄엄하게 또는 촘촘하게, 부분 또는 전체에 배치하여 다양한 느낌과 장식적인 효과를 줄 수 있다.

6-51 러플 장식 재킷

6-52_ 러플 장식 드레스, Lanvin, Dior

셔링
Shirring

셔링은 여러 줄의 스티치를 박은 다음 봉제사를 잡아당겨 줄 사이에 부드럽게 구불거리는 주름이 잡힌 원단을 만드는 것으로, 디자인에 볼륨과 부드러움을 주기 위해서 조밀하게 주름을 잡는 봉제방법이다. 스티치선 위를 박아 셔링을 고정하며 이때 리본, 테이프, 스트링, 코드 등을 사용하기도 한다. 탄성이 있는 봉제사를 사용하여 직물이 신체 사이즈에 따라 늘어날 수 있게 하기도 한다. 개더용 노루발을 이용하여 스티치선을 서로 평행하게 하거나 사선 또는 교차시키거나 곡선이나 각을 주어서 반복하여 박아 다양한 패턴을 만들 수 있다. 서로 교차시켜 고정한 주름으로 부풀은 모양의 구불구불한 셔링을 와플 또는 교차 셔링이라고 한다. 셔링을 의복디자인에 활용하기 위해서는 적당한 경량의 옷감을 선택하는 것이 중요한데 113g/yd 이하의 옷감이 적당하다. 셔링은 몸통, 팔, 허리 등 디자인하고자 하는 특정 위치의 실루엣을 확장하는데 이용되며 상의top, 드레스, 겉옷, 란제리 등에 사용한다.

플리팅
Pleating

일정 간격으로 만든 주름을 원단에 고정하는 방법으로, 스팀 다리미나 프레스로 마무리한다. 원단 표면에 평면적으로 눌러서 고정하는 외주름, 박스주름, 맞주름 등의 평면주름과 원단보다 돌출되게 입체감 있는 주름으로 만들 수 있다. 평행한 주름 사이에 안과 밖으로 균일하게 접혀 돌출된 주름을 아코디언 플리츠라고 한다. 플리츠는 다양한 형태와 길이로 의복에 적용되며 규격화된 교복 주름치마의 이미지에서 벗어나 드레스, 상의, 바지 등에 적용하여 몸의 움직임에 따라 흐르는 듯 소용돌이치는 매혹적이고 풍성하며 여성스러운 룩을 표현할 수 있다.

6-53_ 플리팅을 사용한 예, Emilia Wickstead, Chloe, Chanel, Japan Conran

링클링
Wrinkling

불규칙한 잔주름이나 구김을 만들어 자연스러운 질감과 입체감을 부여하는 방법이다. 축축한 원단을 한쪽으로 꼬아서 휘감아 건조하면 구겨진 듯한 불규칙한 주름이 만들어지는데 부드럽고 얇은 면이나 실크 소재가 적합하다. 합성섬유 직물을 깡통에 구겨 넣어 열을 가하면 불규칙한 구김살을 영구고정할 수 있다.

터킹
Tucking

턱은 원단의 한쪽 끝에서 다른 쪽 끝까지 박아 가는 주름이 도드라지게 나타난 것이다. 턱의 넓이는 다양하게 변화를 줄 수 있으며, 천의 부분 또는 전체에, 수직 또는 수평으로, 곡선 또는 직선으로, 한 방향 또는 방향을 바꿔 교차하여 다양한 무늬를 만들 수 있다. 턱과 턱 사이에 구슬이나 금속 장식을 하여 화려한 장식 효과를 줄 수 있다.

폴딩
Folding

종이접기와 유사한 방식으로 옷에 복잡한 구조의 입체적인 표면 질감을 부여하여 새로운 형태의 장식을 하는 방법이다.

6-54_ 종이접기와 같은 기법을 응용하여
입체감을 준 옷, Givency, Chanel

4 장식
Embellishment

프린팅과 자수 외에 옷감 표면에 보다 입체적인 장식 효과를 부여하는 또 다른 방법은 유리구슬, 크리스털, 진주, 보석, 세퀸, 거울조각, 열매, 조개껍질, 조약돌, 나무, 깃털, 퍼fur 등을 사용하여 옷이나 직물에 색깔, 문양, 표면 질감을 부가하는 것으로, 다양한 이미지를 살릴 수 있다.

비딩
Beading

비드는 유리, 크리스털, 플라스틱, 나무, 뼈, 에나멜, 세라믹 등 다양한 재료로 만들 수 있으며, 다양한 크기, 색상, 형태의 비드가 이용 가능하다. 비딩은 비드를 하나씩 스티치로 고정하는 방법과 비드가 꿰어져 있는 실을 사용하여 구슬과 구슬 사이를 다른 실로 스티치하여 천에 고정시키는 방법이 있다. 비딩이 되어 있는 직물도 이용 가능하며, 디자인에 따라 수공으로 작업을 한다. 구슬을 통해 빛이 반사되어 옷에 화려한 분위기와 고급스러운 품질을 부여한다.

6-55_ 비딩 작업

6-56_ 조개 껍질에서 얻은 이미지를 폴딩과 비딩에 응용, Chanel

세퀴닝
Sequining

세퀸, 파이에트pailette, 스팽글spangle 등을 디자인에 따라 옷감에 꿰매어 연결하거나 고정하여 옷에 화려하고 매혹적이며 강한 금속성 광택을 부여한다.

6-57_ 세퀸 직물과 재킷

6-58_ 세퀸 드레스, 1949~50, Dior

프린징
Fringing

술 장식은 가는 털에서부터 넓은 끈strips을 옷의 부분 또는 전체에, 여러 단으로
짧게 또는 길게 배치하여 몸의 움직임을 강조하는 효과를 줄 수 있다. 광택이 있
는 술을 사용하면 가물거리는 듯 흔들리는 광택을 보여 눈을 끄는 외관을 표현
할 수 있다.

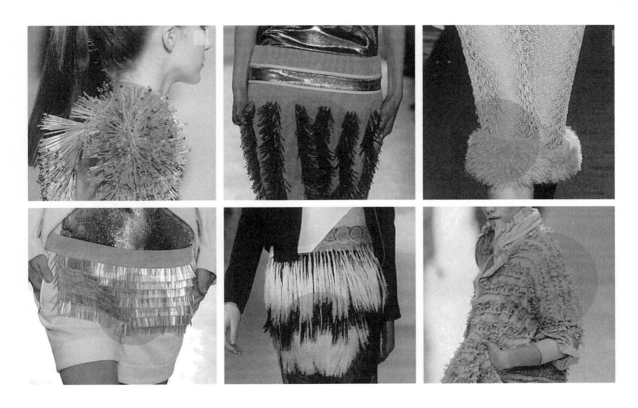

이 외에도 다양한 장식 방법이 응용되고 있다. 예를 들면, 금속의 장식못stud
을 박거나, 작은 구멍을 뚫어 끈을 교차로 꿰거나, 지퍼나 금속의 똑딱단추를 옷
표면에 나오도록 배치해서 장식 효과를 내기도 한다. 새롭고 창의적인 디자인 효
과를 내기 위해 한 가지 방법만 사용하기보다는 여러 가지 표면 처리기법을 조합
하여 사용한다.

6-59_ 프린징을 사용한 예, Paco
Rabanne, Pedro Lourence, Alena
Akhmadullina, Pedro Lourence,
Sharon Wauchob, Ermanno Scervino

6-60_ 금속장식에 의한 드라마틱한
지오메트릭효과, Halen Lawrence

184
패션 텍스타일

6-61_ 조개, 플라스틱, 깃털을 이용한 장식의 예

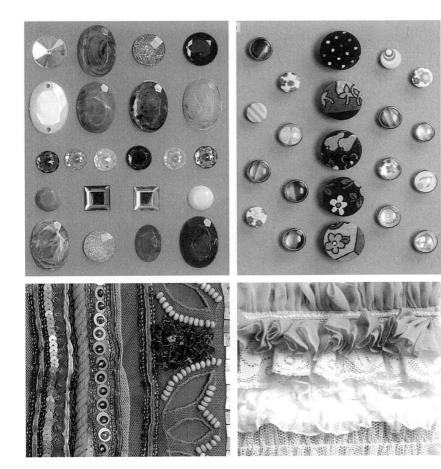

6-62_ 비드, 스톤, 장식 단추, 장식 리본, 루싱, 장식 프릴

5 가공
Finish

직물 제직 후에 표면가공에 의해 직물의 시감, 질감, 촉감 등을 변형하여 옷감의 표면에 심미적인 디자인을 부가할 수 있다. 심미가공은 직물의 표면을 변형시켜 광택, 색감, 질감 또는 촉감 등을 향상시킴으로써 새로운 표면 효과를 부여한다. 몇몇의 심미가공은 직물이름으로 사용하기도 한다.

광택가공
Luster finish

직물 표면에서 빛의 반사를 변화시켜 광택을 부여하는 가공을 말한다. 두 개의 실린더 사이에 압력을 가하면서 직물을 통과시키는 칼렌더링calendering 공정에 의해 직물 표면에 전체적으로 또는 부분적으로 광택을 증가시킨다. 광선에 의해 색이 여러 가지로 변하고, 빛을 반사하는 표면은 어렴풋이 반짝이는 광택에서부터 고도의 강렬한 광택을 표현하여 의복에 화려하고 고급스러운 느낌을 부여한다. 직물 표면 전체의 광택을 증가시키는 방법에는 글레이즈 가공, 시레 가공, 무아레 가공, 슈라이너 가공을 들 수 있다.

6-63_ 고광택가공한 린넨 재킷

6-64_ 진주빛 광택가공(Iridescent finish), Calvin Klein, Emma Cook, Nathan Jenden

글레이즈 가공 Glazed finish

마찰 칼렌더를 사용하여 먼저 전분이나 왁스, 수지 등을 직물에 적신 후 두 롤러 사이를 통과시켜 높은 광택을 얻는다. 전분이나 왁스를 사용하면 일시적인 광택을, 수지를 사용하면 영구적인 광택을 얻을 수 있다. 친츠chintz나 폴리쉬드 면polished cotton이 이에 해당한다.

시레 가공 Ciré finish

글레이즈 가공 방법과 유사하며, 뜨거운 금속 마찰 칼렌더를 사용하여 더욱더 광택 있는 표면을 만든다. 열가소성 섬유로 만든 직물은 뜨거운 메탈과 접촉하면 표면이 녹아 약간 납작하게 되어 고도의 광택을 갖게 된다. 시레 가공은 타페타taffeta, 새틴satin, 트리코트 직물에 고도의 '젖은wet' 듯한 광택을 부여한다.

6-65_ 시레 가공, Burberry Prorsum, Balenciaga

6-66_ 무아레 가공, Dior, 1952~53

6-67_ 엠보싱 가공, Alexander Wong, Jonathan Saunders

무아레 가공 Moiré finish

물결무늬 광택으로, 타페타, 페유faille와 같은 립조직 직물의 표면과 표면을 맞대어 고압의 가열한 금속 칼렌더에 통과시키거나 물결무늬가 새겨진 롤러 사이를 통과시켜서 얻을 수 있다. 물결무늬 효과는 눌린 부분과 그렇지 않은 부분이 빛의 반사가 다르기 때문에 생긴다. 다른 방법으로는 무아레 패턴을 새긴 엠보스 롤러 사이로 립직물을 통과하여 패턴을 새기는 것인데, 열가소성섬유의 직물을 사용하면 영구적인 가공효과를 줄 수 있다.

슈라이너 가공 Schreiner finish

1인치에 200~300개의 가는 대각선이 새겨진 슈라이너 칼렌더를 사용하며 금속 롤러 사이로 직물을 통과시켜 다른 광택가공보다 더 부드러운 광택을 직물에 부여한다. 면 새틴sateen이나 나일론 트리코트, 다마스크damask 직물에 사용하여 광택을 증가시키고 커버력을 좋게 만든다. 광택은 세탁하면 소실되어 영구적이지 않으며 수지를 사용하거나 열가소성섬유를 사용할 경우에 영구적인 광택을 얻을 수 있다. 머어서화 가공한 직물을 사용하면 그 효과가 더욱 좋다.

엠보싱
Embossing

직물이나 가죽을 무늬가 양각되어 있는 금속 롤러와 부드러운 롤러 사이로 압력을 가하면서 통과시키면 양각된 무늬가 새겨져 입체적인 문양효과가 생긴다. 영구적인 엠보싱효과를 주기 위해서는 폴리에스테르와 같은 열가소성섬유 직물을 사용한다. 셀룰로오스섬유 직물을 사용하는 경우에는 열가소성수지를 처리한 후 엠보싱하여야 한다. 폴리우레탄수지를 코팅한 후 악어나 타조와 같은 동물의 가죽 표면을 양각한 롤러로 엠보싱하여 인조가죽과 같은 외관을 갖는 소재도 다양하게 나와 있다.

주름가공
Pleats finish

주름가공은 고대 이집트나 그리스 시대부터 행해져 온 가장 오래된 가공기술 중

6-68_ 다양한 주름가공 효과, Lanvin, Issey Miyake, Richard Nicoll

하나로, 그 당시에는 뜨거운 돌을 사용하여 주름을 고정하였다. 오늘날에는 손이나 기계로 직물에 다양한 형태의 주름을 열처리하여 영구적으로 고정시킬 수 있다. 폴리에스테르나 나일론과 같은 열가소성섬유가 70% 이상 들어 있는 직물에 영구적인 주름 형성이 가능하며, 가장자리나 이음 부분을 용융시켜 마감할 수 있다.

구김가공
Crinkle finish

불규칙한 잔주름이나 구김을 만들어 자연스러운 질감과 입체감을 부여하는 방법이다. 포일처럼 샤이니한 표면에서부터 드라이하고 광택이 없는 표면까지 불규칙하게 쭈글쭈글한 주름을 주거나 짓이겨 구깃구깃한 구김을 만들어 표면의 질감을 변형시킨다. 드라이하고 크레이프처럼 가슬가슬한 표면은 나무껍질과 같은

6-69_ 다양한 구김가공 효과

질감을 표현할 수 있다. 구겨진 종이와 같은 외양은 모노필라멘트 직물을 사용하여 영구적인 가공효과를 줄 수 있으며, 금속처리한 직물을 사용하면 흐르는 듯한 실키한 광택의 입체감과 질감을 갖게 된다.

플리세
Plisse

직물에 알칼리를 프린팅하여 처리된 부분을 수축시킴으로써 우글우글한 패턴이 형성되어 입체적인 효과를 준다. 직조 시 경사의 장력에 차이를 두어 만든 직물인 시어서커와 엠보스 직물과 같은 외양을 가지며 가격대도 비슷하다. 하절기 소재로 많이 쓰인다.

플로킹
Flocking

디자인에 따라 직물 표면의 전체 또는 부분에 짧고 가는 섬유를 접착제를 사용하여 부착시켜 입체적인 디자인 효과를 부여한다.

6-70_ 구김을 주어 입체적인 질감을 표현한 옷, Prada

6-71_ 플로킹

코팅
Coating

직물 표면 위에 비닐, 폴리우레탄, 실리콘 등과 같은 고분자의 아주 얇은 층을 더하면 광택이 더 뚜렷하고 매끄러운 촉감을 부여한다. 또한, 광택뿐만 아니라 방수성, 발수성, 방오성과 같은 기능성을 부여한다.

금속가공
Metal finish

금속을 직물이나 가죽에 코팅하여 화려하고 번쩍이는 또는 부드러운 금속성 광택, 진주빛 효과, 홀로그래픽holographic 효과, 각도에 따라 광택과 색이 변하는 숏shot 효과 등 다양하고 흥미로운 광택을 부여할 수 있다. 금속을 코팅한 직물은 심미성뿐만 아니라 금속에 따라 다양한 기능성도 함께 얻게 된다. 스테인리스 스틸은 보온성과 내후성, 구리는 항균 및 소취성, 은은 축열성, 알루미늄은 절연성을 직물에 부여한다. 금속화된 직물은 정전기를 방지하며 전자파와 자외선을 차단할 수 있다.

금속을 직물에 처리하는 방법은 금속 미세입자를 진공 증착sputtering하는 방법과 크롬, 니켈, 철 등의 금속 용액을 스프레이하는 방법이 있다. 금속처리 후 주름 가공, 엠보스 가공, 날염 등 2차 가공을 하여 더욱 다양한 패션 소재로 개발되고 있다. 금속가공한 직물은 이브닝웨어, 무대의상뿐만 아니라 데이웨어로 널리 이용되며, 의복에 미래적futuristic, 우주적galactic, 사이버적cybertic인 이미지를 부여한다.

6-72_ 메탈 가공

6 침염
Immersion dyeing

침염은 주로 한 가지 색상solid color으로 염색을 할 때 사용하는데, 직물염색시 부분적으로 염료가 침투하지 못하도록 묶거나 왁스처리한 후 침염하면 문양 효과를 낼 수 있다. 여기서 침염이란 용어는 특별히 나염printing과 구별하기 위해 사용하며 일반적으로는 염색dyeing이라고 한다. 나염에는 안료를 사용하는 반면, 침염에는 염료를 사용한다.

염료의 종류
Type of dyes

천연염료 Natural dyes

천연염료는 자연의 식물, 동물 또는 광물로부터 색소를 추출하거나 분리하여 얻으며, 식물성 염료vegetable dyes, 동물성 염료animal dyes, 광물성 염료mineral dyes로 분류할 수 있다. 가장 많이 사용되는 천연염료는 식물성 염료로, 식물의 꽃, 잎, 줄기 및 뿌리 부분의 색소를 보통 끓여서 추출하여 염색에 쓴다. 주변에서 손쉽게 염재를 구하여 간단하게 염색을 할 수 있으며 염재에 따라 염색되는 색상이 다르다. 다색성의 염재인 경우에는 매염제 처리에 의해 색상이 달라져서 다양한 색상과 톤을 얻을 수 있다.

표 6-1_ 염색 색상에 따른 염재의 종류

색 상	염 재
적색계열	꼭두서니, 홍화, 소목, 락
황색계열	황벽, 치자, 대황, 울금, 양파껍질, 메리골드, 샤프란, 황련
청색계열	쪽, 닭의 장풀
자색계열	자근, 로그우드, 코치닐
갈색계열	감, 석류, 밤껍질, 호도, 커피
녹색계열	녹조류, 대나무잎

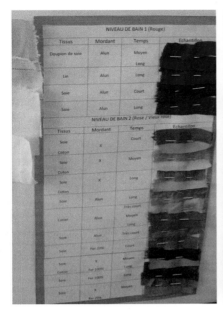

6-73_ 천연염색 컬러매칭을 위해 제작한
염재와 염색조건에 따른 샘플스와치

합성염료 Synthetic dyes

화학적으로 합성하여 만든 염료로, 영국의 퍼킨W. H. Perkin이 합성한 자주색의 모
브Mauve가 최초의 합성염료이다. 화학 구조에 따라 직접 염료, 산성 염료, 염기성
염료, 분산 염료, 배트 염료, 반응성 염료 등으로 분류하며, 염료에 따라 친화력
을 보이는 섬유가 다르며 염색이 되는 원리도 다르다.

직접 염료 /Direct dyes/
수용성이며 면, 레이온과 같은 셀룰로오스 섬유, 단백질 섬유, 나일론에 직접 염
색된다.

산성 염료 /Acid dyes/
물에 녹아 음이온을 띠며 양이온기를 가진 견, 모, 나일론에 선명한 색상으로 염
색이 된다.

염기성 염료 /Basic or Cationic dyes/
양이온성이어서 음이온기를 가진 단백질 섬유와 아크릴 섬유에 직접 염색되며
색상이 선명하다.

6-74_ 꼭두서니(madder) 염료를 사용하여 재현한 드레스

매염 염료 /Mordant dyes/

염료와 섬유 사이에 직접 친화력이 없어서 중간 매개체로서 금속염을 사용하여 먼저 매염한 후 염색한다.

분산 염료 /Disperse dyes/

폴리에스테르나 아세테이트와 같은 소수성 섬유의 염색에 사용되는데, 물에 녹지 않아 분산제를 사용하고 높은 온도와 압력 등 특수한 방법이 사용된다.

배트 염료 /Vat dyes/

물에 녹지 않으므로 알칼리 조건에서 환원제를 사용하여 가용화하여 직물에 흡수, 산화시켜서 염색한다. 염법이 복잡하지만 결합력이 강해 견뢰도가 좋다.

반응성 염료 /Reactive dyes/

섬유와 강한 화학결합을 이루므로 견뢰도가 매우 좋다. 원래는 셀룰로오스 섬유에 사용하기 위해 개발되었으나 현재는 단백질 섬유, 합성섬유 일부에도 사용이 확대되었다.

염색 방법
Dyeing process

염색법은 염색물의 형태에 따라 섬유염색, 실염색, 직물염색, 가먼트 염색으로 나누며, 공정에 따라 주로 일정량의 염색물을 한 염액에서 하는 배치식과 다량의 염색물을 침지, 염색, 후처리, 수세와 헹굼을 포함한 전체 염색공정을 이어서 하는 연속식으로 나눈다.

섬유 염색 Fiber dyeing

실로 만들기 전 섬유 상태에서 염색하는 것을 말하며, 주로 모섬유와 면섬유와 같은 스테이플 섬유에 사용한다. 서로 다른 색으로 염색한 섬유를 섞어서 멀티색상의 멜란지사_{melange yarn}를 만든다.

실 염색 Yarn dyeing

직조나 편직 공정 전에 실 상태로 하는 염색을 말하며, 면사는 패키지_{package} 형태로, 모사와 아크릴사는 타래hank 형태로 한다. 실염색해서 짠 직물은 직물염색의 경우보다 견뢰도가 훨씬 더 좋은 대신 비용이 많이 든다. 스트라이프, 체크 패턴이나 디자인을 부여한 직물은 실염색하며, 솔리드한 색이라 하더라도 고급 슈트나 셔츠용 직물은 실염색을 한다.

직물 염색 Fabric dyeing, Piece dyeing

직조를 마치고 정련, 표백 후의 단계에서 염색을 하며, 실염색보다 저렴하고 색상의 제약이 없이 다양한 색상으로 염색할 수 있다.

가먼트 염색 Garment dyeing

만들어진 옷의 상태에서 하는 염색을 말한다. 염색 방법 중 견뢰도가 가장 낮지만 특별한 시각적인 효과를 나타낼 수 있고 빠른 패션변화에 대응하기 수월하며 경비가 적게 드는 장점이 있다. 봉재사와 가먼트의 염색성이 각각 다른 재료를 매치하면 톱스티칭top-stitching 효과를 줄 수 있다.

6-75_ 실, 직물, 가먼트 염색

방염 기법
Resist dyeing

침염은 주로 한 가지 색상solid color으로 염색을 할 때 사용하지만, 염료가 침투하지 못하도록 부분적으로 방지하여 문양 효과를 주는 공예적인 방법이 다양하게 사용되고 있다.

홀치기염 Tie dyeing

직물의 어떤 부분을 스티치하거나 묶어서 침염을 하면 그 부분에 염액이 침투하지 못하여 문양효과를 줄 수 있다. 이 기법은 일본의 시보리shibori, 인도네시아와 말레이지아의 이카트ikat를 포함하여 문화에 따라 다양하게 변형된 방법이 사용되고 있다.

바틱염 Batik dyeing

왁스나 전분풀을 디자인 형태대로 칠하고 침염하면 디자인한 문양 부분에 염액이 들어가지 못하게 된다. 왁스와 풀을 제거하면 방염된 부분의 색과 형태가 드러난다. 이 작업을 반복하여 여러 층의 색상이 겹쳐 있는 복잡한 디자인을 만들 수 있다. 이 기법의 변형된 형태를 세계의 여러 문화에서 볼 수 있다.

6-76_ 타이 염색의 러플드레스 ◁

6-77_ 납방염 ▷

6-78_ 스티치와 타이 염색

Future
Textiles
& Fashion

CHAPTER 7
미래의 텍스타일과 패션

미래의 텍스타일과 패션에 대하여 살펴보면 크게 두 가지로 나뉘게 된다.

환경과 사회라는 '윤리적 측면'과 과학적 진보에 따른 기술적 측면'이다.

디자인은 창조적 발명에서 나오며 새로운 텍스타일은 혁신적 기술에서 나온다.

즉, 훌륭한 디자인은 지속가능해야 함과 동시에

앞서가는 사고에 의한 것이어야 한다.

Eco labelling_ 친환경성을 평가하여 제품마다 라벨을 붙여서 판매하고자 하는 시도. A등급이 가장 친환경성이 높은 수준

7-1_ 지속가능성 패션 : Fabric 재활용 및 crafts 기법, Alabama Chanin, 2010

1 윤리와 기술
Ethics & Technology

텍스타일 제조 기술은 패션보다 상대적으로 크고 **빠른** 발전을 해 왔으며 시장에 확실한 증거품을 내놓아 우리는 이를 쉽게 찾아볼 수 있다. 텍스타일의 현재 기술은 다음과 같은 것이 가능하다. 온열적인 반응을 하는 원단, 즉 열이나 온도를 제어하고 대항할 수 있는 능력을 가지고 있는 원단이다. 화학적인 반응을 하는 원단은 가스와 같은 화학적인 물질을 통과시키지 않거나 내뿜는 능력을 지닌다. 미생물에 대한 내성이 있는 원단은 항박테리아성이나 항곰팡이성을 가진다. 빛을 차단하거나 내뿜고 빛으로 영상을 만드는 능력이 있는 원단도 개발되었다. 반면에 패션은 그렇지 못하였는데, 앞으로 패션은 현재보다 더욱 큰 변화를 보일 것으로 전망된다. 현재로서의 하이테크 패션이란 하이테크 소재를 사용한 것일 뿐이며 과거를 답습한 보수적인 패션의 수준에 머무르고 있기 때문이다.

스마트한 텍스타일과 패션의 연결기술로는 다음과 같은 것이 가능한데, 작은 부속이 옷 속으로 들어가는 주머니식 융합pocketing형이 있고, 이보다 더 작은 부속의 형태, 즉 실이나 전선의 형태로 직물 속으로 들어가거나 묻히는 일체형의 융합embedding이 있으며, 전기회로 판 그 자체가 옷이나 원단이 되는 것과 같은 대체품 형태의 융합alternative 등이다. 앞으로 가능한 패션과 텍스타일의 새로운 기능을 살펴보면 다음과 같다.

Active_ 자기 스스로 또는 착용자의 조정에 의해 행동을 취하는 제품

Reactive_ 주변을 둘러싼 환경에 반응하는 제품

Sensing_ 감지 기술을 가진 제품

Dispensing_ 건강관리 및 증진 또는 성형용/화장품을 분출하는 제품

Communicating_ 대화, 정보관리 및 전달 혹은 원격조정의 기술을 갖는 제품

Protecting_ 위험으로부터 착용자를 보호해 주거나 피하도록 돕는 제품

Empowering_ 감각기관의 능력 및 체력을 유지, 증진시키는 제품

즉, 하이테크 기술에 따라서 옷에는 형태, 색상, 소리, 크기의 변화가 있을 것이며, 이는 패션, 텍스타일뿐만 아니라 코팅, 프린팅, 자수 등을 포함한 다양한 아이템에서 가능하겠다. 이러한 혁신은 다음과 같이 3가지 특성으로 나타날 것이다. 스마트 재킷처럼 하나의 의복 속에 모든 하이테크 기술이 결합되어 나타나거나 가장 기본적이고 중요한 특성인 열, 물, 공기, 에너지 등의 통과 기능(transport property)이 의복에서 해결될 것이다. 또는 크고 작은 기술이 오랜 시간 동안 누적되어 변형되는 형태로 나타나게 될 것이다. 물론 스마트 패션은 쾌적성, 안전성, 내구성, 관리의 편리성, 심미성을 보장해야 한다.

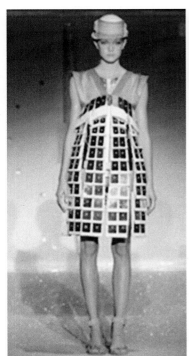
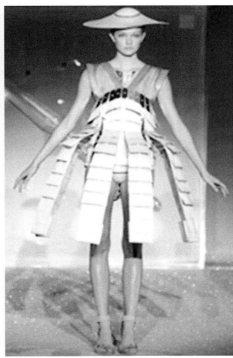

7-2_ 열이나 빛에 반응하는 소재를 사용한 가변적인 패션, Hussein Chalayan

2 첨단 기술과 섬유의 진화
High Technology & Evolutionary Textiles

스마트웨어 테크놀로지는 IT, NT, BT, ET 등 신기술을 결합해 전통적 섬유나 의복의 개념을 벗어난 새로운 개념의 미래형 의류를 만드는 기술이다. 스마트웨어는 섬유나 의복 자체가 외부 자극을 감지하고 스스로 반응하는 소재의 기능성과 의복 및 직물 자체가 가지고 있지 않은 디지털 기능digitalized properties을 결합한 새로운 개념의 의류이다.

최첨단 패션과 최신기술 장치가 양립할 수 없을 것 같아 보이지만, 스마트섬유는 의류와 과학을 융합하여 개발되어 왔다. 이는 기존의 섬유와 마찬가지로 드레이프성drape, 유연성, 탄성을 가질 뿐 아니라 저항성, 두께, 밀도, 가벼움, 투과성, 표면 감촉 및 방염성 또한 고려되었다. 패션 디자이너와 기술자들에 의해 스마트섬유로 만들어진 의류는 색, 형태 및 질감을 변화시킬 수 있는 활동적인 소재로 재해석될 수 있다.

전자섬유
Electronic Textiles

과학의 발전은 끊임없이 패션의 변화를 가져왔다. 전자과학이 적용된 섬유는 의류를 '모바일 네트워크가 가능한 환경'으로 재해석하였으며, 이는 미래에 많은 정보 전달로 사람들 간의 소통의 다리 역할을 할 것이다. 이러한 정보교환기능은 정보를 전달할 수 있는 전자섬유로부터 만들어진 직물을 사용할 때 가능하며, 미세 전자 장치 및 연결 장치가 섬유와 접합되어 있는 형태이어야 한다. 또한, 외부에 장착해야 하는 전자부품의 부피를 크게 줄임으로써 입고 다니기에 불편하지 않아야 한다.

전자섬유electronic textiles는 자체적으로 스위치, 센서 및 트랜지스터와 안테나를 조작할 수 있는 신호 교환 역할을 함으로써 정보를 전달할 수 있다. 은이나 니켈이 코팅된 실은 우수한 전기 전도성을 가지고 있으며, 탄소, 고분자 및 미세 구리로 만들어진 유연한 실은 착용감이 우수하다. 폴리우레탄polyurethane으로 코팅된 전기 전도성 섬유를 제조함으로써 인체에 전기적 자극을 주지 않으면서 다른 섬유와의 마찰도 피할 수 있게 되었다. 미세 실리콘 칩과 센서 등은 섬유 크기로 작

게 만들 수 있으며 직물구조 내에 삽입할 수 있다. 대부분의 프로그램용 하드웨어와 마찬가지로 전자섬유는 소프트웨어 및 이의 응용에 필요한 센서와 계산처리 시스템을 가능하게 해 준다.

미국의 몰덴밀스사는 스테인리스로 된 전도성 섬유 '폴라텍'을 개발했으며, 군용제품 개발업체인 포스터 밀러는 안테나 기능을 갖고 무선으로 정보를 전송할 수 있는 전자섬유를 개발했다. 이런 전자섬유를 이용해 MP3 플레이어 등 각종 정보기기들을 연결할 수 있는 재킷이 생산되고 있다. 또한, 피트니스 센터에서 입고 운동하는 동안 센서를 통해 착용자의 체온, 심전도 및 기타 건강 관련 생체신호를 실시간으로 측정하여 피트니스 센터의 서버에 전송하는 압력센서 직물을 이용한 헬스 센터용 의류도 있다.

발광섬유
Illuminating Textiles

발광섬유는 LED light-emitting diodes 로 이루어져 있으며, 마이크로칩에 의해 인터페이스로부터 조정을 받는다. 이는 평상시에는 어둡지만 LED가 작동할 때 발광하는 섹터sector들로 구성되어 있다. 섬유와 LED의 조합으로부터 탄생한 'Lumalive fabricPhilips Inc.'은 일반적인 섬유와 마찬가지로 자르거나 재단할 수 있으며 1,600만 가지의 색을 발현할 수 있는 잠재력을 가지고 있다. 플라스틱으로 만들어진 발광섬유는 3차원 섬유생산 기술의 도움으로 섬유생산과 동시에 직물화시킬 수 있다. 이 기술은 새로운 나선형 직조 공정을 사용하기 때문에 암홀, 옷단, 솔기 부분의 끊김 현상을 방지한다.

전자발광선Electroluminescent wires, EL선은 발광 측면에서 발광섬유와 비슷하며 이와 유사한 유연성과 가공성을 가지고 있다. 내구성과 내후성이 우수하여 최적의 아웃도어용 재료로 여겨지고 있다. 발광섬유와 마찬가지로 열을 발산하지 않으며 다양한 섬유에 쉽게 직조할 수 있다. 전자발광선은 매우 낮은 전류를 필요로 하기 때문에 1암페어A만으로도 30미터 길이의 발광체를 만들어 낼 수 있다.

발광섬유와 전자발광선으로 만들어진 직물은 섬유 지지체를 거쳐 빛과 전력을 투과시킨다. 현재 전력공급을 위해 사용되는 배터리가 계속해서 작고 가벼워지고 있어 휴대하기에 전혀 불편함이 없다.

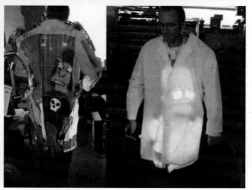

7-4_ 발광섬유 제품

자생 박테리아 섬유
Self growing Textiles

센트럴 세인트 마틴스 미술대학의 선임연구원 수잔 리_{Suzanne Lee}는 "바이오 쿠튀르_{Bio Couture}"라는 프로젝트를 진행하면서 미생물을 이용한 패션 텍스타일을 제작하였다. 설탕을 넣은 녹차 용액에 박테리아 셀룰로오스_{Bacterial cellulose}가 섞인 배양지를 넣고 효소와 미생물을 넣어 배양하면 박테리아가 설탕을 먹이 삼아 실을 만드는데, 이를 성형 틀에 붙여 모양을 잡으면 패션 재료를 얻을 수 있다. 펠팅_{felting}기술과 유사한 방식으로 박테리아들은 자신들끼리 틀에 달라붙어 그물망과 같은 구조를 만들어 낸다. 얻어진 성형물은 일종의 가죽과 같은 재질감을 주며 생분해가 가능한 친환경적 소재이다. 박테리아 섬유소는 특수 헤드폰의 진동판에 사용될 뿐만 아니라 공기정화 필터, 컴퓨터 등에 사용하는 적층 배선판에 이용가능하며, 세포배양의 담체나 인공피부 등에 사용될 수 있다.

　　Bio Couture의 장기적인 목표 중 하나는 박테리아가 들어 있는 용액을 옷 모양의 틀에서 배양시켜 봉제선이 없는 의류를 만드는 것이다. 박테리아 셀룰로오스에 의해 생산된 이 섬유를 다시 영양성분이 있는 용액에 담그면 유기미생물체

7-5_ 박테리아 셀룰로오스 재킷
Suzanne Lee, BioCouture

7-6_ Philip 사의 감성 재킷

들에 의해 자라나기 시작하며, 재생이 가능할 뿐만 아니라 틀에 따라 다른 모양으로 변형시킬 수도 있다. 앞으로 인공적으로 만들어진 섬유는 언젠가 이처럼 자생적으로 만들어진 섬유로 대체될 것이다.

반응성 지각섬유
Reactive & Sensory Textiles

섬유 표면에는 인간의 감정이 이입될 수 있으며, 사람과 환경을 연결해 주기 위한 잠재력을 가지고 있다. 터치패드 및 촉각 반응 인터페이스Haptic interfaces는 현재 실내 인테리어 분야에 많이 응용되고 있다. 로보틱 멤브레인robotic membrane은 자유자재로 섬유의 형태를 변화할 수 있게 해주며, 전자회로 및 근접 센서가 장착되어 있는 스마트 카펫은 사람의 발걸음을 추적하는 기능을 가지고 있다. 광반응 도화장치photo-reactive trigger는 창문에 장착되어 실내에 필요한 빛의 양을 조절해 주며,

7-7_ 반응성 지각섬유, slow Furl

7-8_ 형상기억 소재를 활용한 스마트 패션

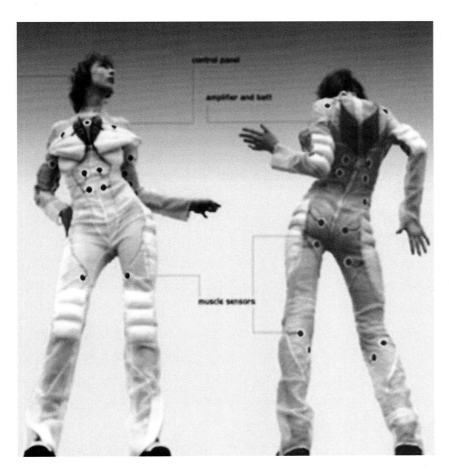

7-9_ 신체의 근육을 움직이도록 자극하여 운동신경을 증진시키는, 몸치를 위한 스마트 패션

광반응 염료light-reactive pigments는 빛에 따라 섬유의 색이나 패턴을 변화시킬 뿐만 아니라 섬유의 형태도 변형시킬 수 있다.

새롭게 떠오르고 있는 로봇 멤브레인 분야의 연구자들은 환경의 자극을 감지하거나 움직임 및 충돌을 감지하는 센서 물질을 개발하고 있다. 덴마크의 코펜하겐에 위치한 CITACentre for Interactive/Information Technology and Architecture의 매트 램스가드 톰슨Mette Ramsgard Thomsen과 카린 백Karin Bech은 브링턴대학교의 건축대학University of Brington's School of Architecture의 도움을 받아 로봇 기술을 응용한 직물을 만들어 냈다. 이들은 이를 'Slow Furl'이라 명명하였으며 '다양한 물리적 자극이 만나는 즐거운 공간'이라 정의하였다. 구리가 코팅된 전도성 섬유를 교직한 것으로, 직물 표면을 만지면 전도성 섬유의 반응으로 색이나 모양이 변한다. 이와 같이 기능성 섬유와 스마트 직물을 통하여 실내 건축물은 그 자체로써 살아 있는 독립체가 될 수 있다.

자연모방섬유
Biomimicry Textiles

자연과 문명의 경계는 명확히 구분되지 않는다. 현대 인류의 최첨단 환경과 훌륭한 자연의 노하우의 경계는 인류가 자연세계를 모방해 감으로써 허물어지고 있다. 동식물의 특성, 구조 및 원리에 관한 학문인 'Biomimicry'의 도움으로 자연의 원리를 인간세계에 적용해 나아갈 수 있게 되었으며, 텍스타일 디자인의 새 지평선을 열어 주었다.

1948년 스위스의 동식물 연구가인 조지 메스트럴George de Mestral은 바지에 붙은 burrs라는 식물의 갈고리 구조를 응용하여 갈고리 형태를 가진 면과 고리 형태의 반대편 면을 합쳐서 잠금장치를 고안하였는데, 현재 벨크로Velcro라는 이름으로 알려져 있다.

'Morphotex'는 염료를 전혀 사용하지 않고서도 화려한 색을 나타내는 섬유이다. 이 이름은 고급스런 빛깔을 띠지만 실제로는 어떠한 염료도 포함되어 있지 않으며, 남미의 몰포morpho 나비로부터 유래되었다. 일본의 섬유회사 Teijin은 이 나비의 표면 구조를 모방한 나노 기술을 구현하였고, 그 결과 세계 최초로 색을 발하는 기능이 첨가된 직물을 개발하였다.

Grado Zero Espace는 돌고래의 피부를 모방하여 구김이 적으며 우수한 방수

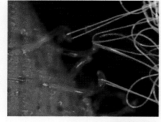

7-10_ Burrs(상), 벨크로(하)

력을 갖는 섬유인 'Freeskin'을 개발하였다. 이는 섬유 표면의 유체역학적 특성을 강화시키기 위해 마이크로채널microchannels을 2차원 형태로 직조하여 만들었다. 이 섬유는 돌고래와 상어의 피부처럼 서로 다른 높이의 미세한 골판으로 되어 있어 물과 섬유 표면의 마찰을 최소화하였으며 전문가용 수영복에 적용되어 수영선수의 성적을 향상시키는데 활용되었다.

    2008년 Speedo사는 상어, 돌고래 및 펭귄의 표면을 모방하여 고성능의 'LZR Racer suit'를 제작했다. 이 섬유는 저항을 줄이기 위해 폴리우레탄으로 코팅된 매우 가벼운 직물로 이루어져 있다. 의상의 솔기 부분은 마찰을 더욱 줄이기 위해 초음파를 사용하여 접합되었다. 'LZR Racer suit'의 all-in-one suits 디자인의 무봉제 표면seamless surface 및 폴리우레탄 코팅기술은 현재 고기능성 의류 디자인에 널리 사용되고 있다.

7-11_ LZR Racer Suit

7-12_ Morphotex 표면 구조(상), Morphotex 직물로 만든 원피스(하)

힐링 섬유
Healing Textiles

흡수성이 있는 섬유absorbent fibres는 의료용으로 개발되어 왔는데 이 섬유는 약물을 원하는 속도로 방출하는 특성 덕분에 의료 분야에서 중요한 부분을 차지하고 있다. 또한, 피부에 발라 투여할 수 있는 특징 때문에 화장품 업계는 현재 이 섬유를 피부를 가꾸고 보호하는 용도로 사용하고 있다.

일본의 섬유제조업체 Fujibo는 '입어서 복용하는 비타민wearable vitamins'이라는 개념의 선구자로서, 섬유에 가용성 비타민을 주입하여 비타민의 피부 투여를 가능하게 했다. 'V-Up'이라 알려진 이 섬유는 비타민 C와 E의 분해 용제를 함유하고 있는 셀룰로오스 섬유로 이루어져 있다. 피지가 섬유와 직접 접하면 섬유 내 비타민 C와 E가 용출되어 피부에 흡수되도록 하여 피부 건강을 돕는다. 'V-Up'은 비타민 스킨크림과 비슷한 효과가 있으며, 장시간에 걸쳐 일정한 양의 비타민을 피부에 투여한다는 장점이 있다.

이밖에도 Fujibo사는 외부환경 위험요소로부터 착용자를 보호할 수 있는 의류를 만들기 위하여 SPF 50인 썬크림을 섬유에 코팅하여 자외선으로부터 피부를 보호하는 섬유를 개발했다. 또한, 일본의 섬유회사 Asics는 자일리톨xylitol을 섬유에 코팅하여 착용자들에게 시원하고 상쾌함을 주는 셔츠를 만들었다.

7-13_ 착용자의 기분에 맞게 향수를 다양하게 내뿜어 주는 스마트 패션

7-14_ 피부 온도를 3도 정도 낮춰 주는 자일리톨 코팅 셔츠

3 지속가능한 패션과 텍스타일
Sustainable Fashion & Textiles

텍스타일 패션 산업은 18세기 산업혁명 이래 기술개선을 통해 점차 더 빨리, 더 싸게 가공하는 데만 총력을 기울여 왔기 때문에 제품의 환경에 대한 본질적 문제들을 잊어버렸다. 현재 대량생산에 의해 공급이 넘쳐나고 무한경쟁에 의해 의복 가격은 점점 더 저렴해지고 있다. 몇 개월도 안 되어 등장하는 새로운 트렌드, 컬렉션들로 인해 패션의 유효기간은 매우 짧다. 시즌에 팔고 남은 재고는 세일을 하게 되고 소비자들은 크게 필요하지 않아도 싼 맛에 구매하며, 그래도 팔리지 않은 것은 소각되거나 처분된다.

이러한 대량소비 문화에 반대하는 움직임과 패러다임의 변화에 대한 필요성이 등장하였고, 공급자들에게는 '지속가능한 컬렉션'이 요구되기에 이르렀다. 몇몇 선각자들은 섬유의류 제품이 환경에 미치는 영향에 대해 고민하기 시작하였는데, 사용하는 재료와 생산, 판촉과 유통, 사용과 폐기 등에서 지속가능성을 고려하고 있다. 재료 측면에서 환경적, 사회적 책임에 대한 관심을 끄는 것을 시초로 하여 디자이너들은 앞다투어 대안적 재료를 사용하여 컬렉션을 기획하기도 하였다.

7-15_ 지속가능성 패션 : 소재의 다양성을 살린 기법

7-16_ 재활용 패션

213

7-17_ 지속가능성 패션

CSR 운동
(Corporate Social Responsibility)_
기업의 사회적 책임으로 기업이 경
제적, 법적 책임 외에 사회적 책임,
즉 환경, 인권, 소비자, 근로자 등을
위한 적극적인 역할과 활동을 말함.

패션은 근본적으로 심미적인 영역에 관한 것인데 패션에서 윤리를 운운할 여지가 있는가 묻는 이도 있을 것이다. 그러나 현재는 정부보다 브랜드의 명성 유지에 혈안이 된 기업들, 주주들이 나서서 사회적 책임에 기반한 투자에 의해 동기화되어 CSR 운동프로그램, 경쟁적 이익과 보다 광범위한 사회적 이익 모두를 겨냥한 자발적 행동을 하고 있다. 즉, 패셔너블하면서도 환경 보존에 바람직한 모습을 추구하는 것이 중요해졌다.

생산과 공급망
Manufacturing & Supply chain

환경 영향의 기록과 평가는 자원의 소비에너지, 물, 화학약품과 토지와 오염물이 방출되는 대상공기, 물, 토지 및 폐기 시 오염도 등의 조사에 따라야 한다.

폴리에스테르는 폐페트병으로 만들 수 있으며 화학약품의 사용량을 줄이고 사용한 물을 재사용하므로 환경에 대한 악영향을 줄일 수 있다. 합성섬유의 생산이 사람과 환경에 영향을 덜 미치는 반면에 천연섬유의 경작과 가공은 환경에 많은 영향을 미친다. 면 1kg의 재배에는 8,000L의 물이 필요하나 폴리에스테르 1kg의 생산에는 물이 거의 필요하지 않다. 폴리에스테르 생산에는 동일한 양의 면 생산 시 소요되는 에너지의 2배가 필요할 뿐이다. 또, 면 섬유를 얻기 위해서는 엄청난 양의 살충제·화학비료·제초제·고엽제의 사용이 불가피하다.

최근에는 친환경 염색법으로 물 대신에 이산화탄소를 사용하여 염색하는 방법이 개발되었다. 이 방법을 사용하면 티셔츠 한 장을 염색할 때에 25리터의 물이 절약되며 에너지는 50%가 절약된다고 한다.

다양성 diversity

세계시장의 80%를 차지하는 두 종류의 섬유인 면, 폴리에스테르의 집중적인 소비 및 대량 생산은 특정 농업 및 제조 분야로의 산업 집중을 야기했다. 이는 생태적 위험을 증가시켰고, 비즈니스와 환경의 세계적 여건 변화에 대한 탄성을 감소시켰으며, 소비자 선택의 폭을 더 좁히는 결과를 낳았다. 유기농 섬유나 마 섬유, 재활용 섬유, 생분해성 섬유 등의 재료로 생산 및 소비가 분산된다면 다양하고 지역적인 농업, 지역적인 섬유재료, 더 지역적인 직업과 더 건강하고 사회적으로 건전한 환경이 조성될 것이다. 친환경 섬유의 한 예로, 헴프 섬유는 경작할수록 땅이 비옥해지고 재배 시 물도 많이 필요로 하지 않으며 비료도 불필요하다는 많은 장점이 있다.

다양성은 재료 측면만이 아니고 공정 측면에서도 적용되는데, 프린트 날염 공정은 염색과 달리 직물의 표면 또는 무늬 부위만 염색하므로 자원의 낭비를 막을 수 있다. 특히 전사 날염은 염료 외에 어떤 화학물질도 사용하지 않으므로 수세작업이 필요하지 않으며 폐수를 방출하지도 않는다.

7-18_ 날염으로 찍은 아스트라칸 모피

7-19_ Tyvek® Fashion
가벼운 고밀도 에틸렌으로서 플라스틱으로 재활용이 가능하고, 매립, 소각 시 독성이 없으며 물과 이산화탄소로 분해되어 친환경적이다.

7-20_ 국내 에코 인증마크와 유럽 GRS 인증마크

폴리프로필렌 섬유는 친환경성 소재로 주목받고 있다. C와 H만으로 이루어진 고분자물질로, 리사이클링 시 폴리머의 성능 저하가 거의 없으며 소각 시 유해독성가스를 발생시키지 않는다. 수분을 거의 흡수하지 않아 자체적으로 향균 기능을 갖고 있는 등 다양한 친환경적 요소를 갖추고 있어 환경 문제를 중요시하는 선진국에서는 이미 친환경 섬유소재로써 그 용도를 크게 확대하고 있는 상황이다. 중합할 때 에너지 소비량이 적고, 재생Recycle 시 융점이 낮아 쉽게 재용해할 수 있다. 또, 극성이 없어 카펫이나 가구 용도에 필요한 성질인 극성 오염물질에 대한 저항성이 매우 높다.

친환경 ECOTEC 마크와 저탄소제품 Green certification & Carbon label

한국형 섬유제품 에코라벨인 ECOTEC은 제품 안전, 유해성 평가에 대한 기준 만족을 기초로 하며, 안전하고 친환경적인 제품 생산을 위한 소재 생산, 가공 및 제품의 제조, 유통 및 폐기에 이르는 섬유 제품의 전 사용 주기에 대한 합리적, 객관적인 검증 기준을 제시한다.

폴리에스테르 재활용 원사 '에코에버Ecoever 휴비스'는 환경부가 주관하는 환경마크를 달았다. 이 마크는 소비자가 제품을 구매할 때 친환경 제품 여부를 쉽게 확인하고 구매할 수 있는 중요한 지표이다.

이 섬유는 버려지는 페트병을 수거하여 이를 다시 원사로 뽑아 낸 섬유로써 쓰레기 매립량을 감소시키며 제조과정에서 CO_2 발생량을 30% 정도 줄인다. 또, 석유자원 사용을 줄이고 에너지 발생량을 감소시키므로 친환경적이다. 원사 1톤 생산 시 2만 개의 폐페트병이 재활용된다.

GRS Global Recycle Standard 인증

에코프렌ECOFREN 코오롱FM이 '컨트롤 유니언' 社로부터 GRS 인증을 획득했다. 컨트롤 유니언은 네덜란드에 위치한 친환경 인증 전문기관이다.

'GRS'란 섬유의 원료, 원사, 원단, 최종 봉제품에 이르기까지 각 과정별 재생 섬유의 함량, 유통 정보 등을 망라하는 국제 규격이다. 생산관리 부문을 비롯하여 환경, 안전, 노동조건 등 사회적 책임 여부까지 광범위한 실사를 거친 후 발행된다. 이 때문에 해외 유명 브랜드들은 GRS 인증을 재생소재 공급처 선정의 주요 기준으로 삼고 있다.

7-21_ 스위스 Bluesign 인증마크

Bluesign_ 2000년 스위스 Bluesign Technologies AG에 의해서 친환경 섬유 생산을 위해 만들어진 독립적인 섬유 규격. 자원의 효율적 활용, 산업안전과 건강, 환경 보호, 소비자의 안전성, 섬유 생산공정의 투명성 제고

유럽 섬유규격과 인증마크 European Textile Standard

유럽위원회의 통합오염방지 및 관리 체제는 산업체의 강도 높은 개선을 요구하고 있으며, 환경영향 감소나 방지를 위한 생산과정의 변화를 요구하는 법률의 제정으로 이어지고 있다. 화학물질의 제조, 수입, 마케팅, 그리고 최종 사용을 규제하는 REACHRegistration, Evaluation and Authorization of Chemicals에 의해 텍스타일 생산 시 화학약품의 사용이 대폭 감소되었다.

Oeko-Tex standard 1000_ Oeko-Tex standard 100을 보완해 제품의 전 생산 과정에서의 폐수처리, 탄소배출, 염색 및 화학물질 처리 등 전반적인 환경 관리를 조사하고 인증함. 인증을 받기 위해서는 전 제품의 30%가 기준을 충족시켜야 함.

힉스 지수 Higgs index

미국 의류 및 유통업체 60여 개의 연합체인 지속가능의류연합SAC, Sustainable Apparel Coalition이 개발한 의류의 환경보전성 지표2012년로서 소재부터 가공, 포장, 유통, 폐기까지의 모든 과정에서 제품이 환경에 미치는 영향을 수치화한 것이다.

뜨거운 물 세탁보다 찬물 세탁이 가능하면 고득점을 얻게 되며, 소재별, 즉 스판덱스는 화학물질과 전력 사용으로 인해 최하위 13.7점, 양모는 화학물질을 많이 소비해 19.3점, 천연고무는 최고점 42.1점, 오리털은 38.2점, 폴리프로필렌은 36.1점 등 차이가 나는 점수를 받게 된다.

SAC는 힉스지수를 사용하여 글로벌 의류제품에 친환경 점수를 부여할 예정이다. 또, 제품별 권장지수를 발표하거나 자발적으로 참여하는 업체의 의류제품에 성분 및 힉스지수를 표시하는 태그를 붙일 예정이다. 이미 N사는 힉수지수를 적용한 재활용 폴리에스테르 소재를 유럽 축구 국가대표팀 유니폼과 올림픽 마라톤화에 적용하였다.

7-22_ 유럽 Oeko-Textile Standard 1000

7-23_ SAC

친환경 천연소재

친환경 재생섬유(옥수수 섬유, 대나무 섬유, 콩 섬유, 텐셀, 오가닉 코튼)는 원료에서부터 제조공정, 폐기 등에서 환경오염을 최소화하고, 인체 친화성을 추구하는 섬유들이다.

(1) 유기농 면

유기농 면은 3년 이상 화학비료와 농약을 사용하지 않고 재배하는 면이다. 또한 생산과정에서 가공에 이르기까지 환경 친화적, 자연 생태적인 방식을 통해 실과 직물이 만들어져야 한다. 오가닉 농법은 재배지의 토양의 비료에는 유기성분을 사용하고, 제초제 대신 트렉터로 흙을 개간하여 잡초를 땅에 묻으며, 살충제 대신에 딱정벌레 같은 천적들이 해충을 억제시키게 하여 생산하는 방법이다. 수확할 때에는 고엽제 대신 자연스럽게 서리가 내려 잎이 떨어지는 시기를 기다려 수확하므로 일반 면에 비해 수확시기가 늦고 생산량도 떨어지지만 환경 유해물질이 검출되지 않는 친환경 소재이다.

유기농 면

(2) 유기농 모

Organic Trade Association에서 제시한 Organic Wool Factsheet에 따르면 가축의 내부, 외부, 방목지에서의 화학 살충제 사용이 금지된 환경에서 화학 호르몬이나 유전공학에 의한 변이가 없이 3세대에 걸쳐 유기농 공법으로 방목 혹은 사육된 양에서 획득한 양모로, 토양관리, 목축관리, 정련공정, 방적공정과 염색공정의 전 과정이 친환경적으로 관리되어 생산된 모이다. 유기농 모는 유아용 의류, 담요, 코트, 스웨터 등에 사용되며 그 생산량이 점차 증가하고 있다.

(3) 콩 섬유

콩 섬유는 생화학적으로 오일(Oil)을 제거한 대두 잔여물로부터 구형 단백질을 추출한 후, 습식방사(Wet Spinning)를 통하여 얻은 천연 단백질 재생 섬유이다. 원사 및 생산과정에 있어서 인체에 무해한 물질만을 사용하여 만든다. 콩에 들어 있는 천연 토코페롤과 사포닌 성분이 인체의 산화반응을 막아 피부노화 예방 효과를 볼 수 있으며, 항알레르기 기능도 있다. 콩 섬유로 만든 의류 제품은 실크처럼 촉감이 부드럽고 광택감이 우수해 고급스런 느낌을 주며, 가볍고 착용감도 뛰어나 아토피 및 민감성 피부, 알레르기 등 피부 트러블 예방과 개선에 긍정적 효과가 있다.

콩 섬유

(4) 대나무 섬유

대나무 섬유는 순수 대나무 펄프에서 추출한 식물성 섬유로 생분해성이 우수한 친환경 섬유이다. 현재 대나무 섬유는 주로 2가지의 생산 공정으로 제조된다. 하나는 대나무 펄프에서 셀룰로오스를 추출하여 비스코스공법으로 만드는 대나무레이온이고, 다른 하나는 대나무의 섬유 부분을 직접 이용하는 것이다. 대나무레이온의 제조법 자체는 목재펄프를 사용한 레이온 섬유와 기본적으로는 같지만, 성장이 빠른 대나무를 재료로 하고 있기 때문에 삼림 벌채 억제효과가 있다. 대나무 섬유는 가볍고, 수분을 빠르게 흡수하고 발산할 수 있으며 통기성도 우수하다. 접촉 냉감이 우수하고 열전도성

대나무

이 높아 여름철 옷감으로 좋다. 또한, 일반 레이온보다 강도가 우수하고 항균 소취기능이 있어 건강에 해로운 세균과 냄새를 억제해 주며, 제전성 및 음이온 발생 기능이 있어 피로회복 등의 효과가 있다.

대나무 섬유 제품

(5) 폴리유산 섬유(Poly Lactic Acid 섬유), 옥수수 섬유

옥수수 전분으로부터 폴리젖산수지(PLA; Polylactic Acid)를 추출해 고분자로 합성하여 만든 섬유로, 친환경 열가소성 섬유고분자 소재이다. 인간의 체내에도 존재하는 젖산 성분으로 이루어졌기 때문에 PLA 섬유가 인체 친화적일 뿐만 아니라, 토양이나 물에 폐기되었을 때 미생물의 활동을 통하여 이산화탄소와 물로 안전하게 생분해된다. 이산화탄소는 식물의 광합성을 통하여 다시 전분이 되며 이러한 화학적 파괴는 PLA 섬유를 재활용이 가능하도록 하며 친환경적으로 만든다. PAL 섬유는 융점이 170℃로 열로 성형이 가능하며 나일론과 폴리에스테르 섬유의 중간 정도의 물성을 가지고 있고 광택과 촉감이 실크와 비슷하다.

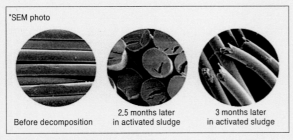

폴리유산 섬유 분해과정

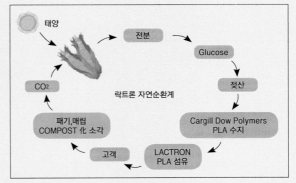

락트론 자연 순환과정

(6) 한지 섬유

닥나무의 닥 섬유로 만든 한지를 이용해 만들어 인체에 무해한 친환경 섬유소재이다. 섬유용 한지의 경우 섬유용으로의 제작이 용이한 작업성과 제직 및 편직에 견딜 수 있는 강도와 신도 등의 물리적 성질이 중요하다. 최근 기계를 이용하여 한지를 대량으로 생산하는 기계한지가 한지산업의 주를 이루고 있는데, 섬유용으로 이용하기 위한 기계한지는 슬리팅 장치(slitting M/C)를 이용하여 일정한 폭으로 절단하고 연사공정을 통하여 꼬임을 주어 닥 섬유 원사를 제조한다. 닥 섬유 원사로 제조된 한지원단은 일반 섬유에 비해 최대 9배나 높은 원적외선이 나와 인체의 생리작용을 활성화시키고 항균성과 소취성능이 우수한 기능성 섬유이다. 통기성(공기 및 수분 투과성)은 면사와 PET 섬유의 중간 정도로 면섬유보다 빠른 수분 발산성을 지녀 쾌적감을 주고, 적절한 수분 함유율을 지니고 있어 보습성이 있으며, 감촉, 유연성, 강인성 및 염색성이 우수한 쾌적하고 실용적인 섬유이다.

한지 섬유

7-24_ Made by
공급처의 투명성을 보장하는 심볼

7-25_ 캄보디아 봉제공장의 작업 모습

GOTS 국제 유기농섬유표준_ 유기
농 섬유의 생산·가공, 유통기준 통
합, 유기농 섬유제품의 안정성 강조
GOTS는 주로 유럽시장에서 사용되
는데, 함량이 70% 이상이 Organic 섬
유이어야만 인증 절차를 신청할 수
있을 정도로 까다롭다. 또, GOTS 인
증은 임금, 환경, 노동 조건, 위생 등
사회적인 기업의 의무도 이행하여야
한다.

공정무역과 투명한 공급망
Fair Trade & Supply Chain

텍스타일, 의류제조업은 주요 물 소비 및 환경오염 유발 주체로 인식되며 영국 환경부의 오염위험 평가에서 가장 낮은 평가를 받았다. 또, 저임금, 초과근무, 규정외 노동시간, 열악한 작업환경, 노조권리의 거부 등 노동문제도 심각하다. 그럼에도 불구하고 여전히 긍정적 이점들이 있으며, 섬유 패션시장은 증가 추세이다. 문화의 중심이 되는 제품들을 창조하며, 경제적 부와 함께 전 세계적으로 26만 개 이상의 직업을 만들고 고용을 창출한다.

　패션과 텍스타일 제품의 생산은 길고 복잡한 공정들로 연결되어 있으므로 각 공정 단계마다 책임과 윤리성 검증이 필요하다. 공급망 중 상위업체가 사용하게 되는 약품의 종류와 효과에 대한 정보교환은 '텍스타일의 환경 책임의 고리' 형성에 도움이 된다. 'Made by'는 패션산업 시스템에서의 지속가능성 영향에 대한 정보의 흐름을 제시하는 새로운 추적사업이다. 어디서, 무엇으로, 누구에 의해 만들어지는지 제품 이면의 생산과정을 보여 주는 사이트와 링크시키고 소비자들이 접근할 수 있도록 웹사이트에 데이터를 올리고 있다. 공개를 통해 공급망의 절대적 투명성을 확신할 수 있도록 하는 것이며 패션브랜드의 더욱 책임감 있는 실천을 유도하기 위한 것이다.

　공정무역 재단Fair Trade Foundation은 재배자 또는 작업자가 상품의 생산에 있어서 성실하고 공정한 주의와 관리를 기울였을 때 그 증명서를 부여한다. 제품이 만들어지는 작업 환경도 고려 대상이 되는데, 만족스러운 근무조건, 월급, 근무환경, 미성년 노동금지 등의 기준이 존재하며, 이에 합격했을 때 인증을 부여한다. 공정무역이란 지속가능한 재료의 사용을 장려하고, 또 전통적 기술과 공예기법이 보존된 현대적 디자인 방향을 제시하며 정규채용과 기술 개발을 통하여 그 공동체와 구성원의 존엄성을 높이는 일터를 말한다.

유기적 관점 Organic view

IFOAMInternational Fedration of Organic Agriculture Movement은 유기농업운동 국제연합회로, 유기농업의 원칙에 입각하여 농경지와 작업자, 지역공동체의 보호를 지향하며 엄격한 규정을 통해 환경보호를 하고 있다. 즉, 토지 활용주기, 유전자조작 작물 금지 및 화학약품 금지품목 지정 등 농부들에게 많은 정보를 제공하고 있다.

유기농 제품이란 엄밀하게 말하면 3년 동안 아무것도 쓰지 않고 재배한 진정한 의미의 유기농, 오가닉 제품만을 말한다. 그러나 시장에는 저농약제품(농약을 1/3 이하로 사용한 것), 무농약제품(화학비료를 절반 사용한 것), 전환기 무농약제품(화학 비료는 사용하지 않으나 이전 약이 땅 속에서 분해되려면 3년이 걸림) 등이 혼재한다.

디자인과 기획의 임무
Merchandise Responsibility

과거 1980에 등장한 트렌드 '에콜로지'는 지속가능의 가치를 나타내는 현상이라기보다 화학물질과 산업화에 따른 환경오염에 대한 단순한 인식을 스타일로 포장한 결과였다. 즉, 핵심적 지속가능성의 문제는 뒤로한 채 에코의 색, 천연섬유, 단순함으로 환영적 시각 이미지만 나타낸 것이었다.

경량성 Lightness

가벼운 옷은 자원의 사용을 줄일 수 있는 가장 좋은 방법이다. 지속가능성을 위한 실천과 행동을 이야기할 때 '가볍게 산다' 혹은 '지구를 가볍게 밟는다' 라고 말한다. 경량화로 인해 동일한 기능을 가지면서 환경적 영향은 덜 줄 수 있다. 합성섬유와 같이 가벼운 재료들은 의복을 만드는데 무게가 적게 나가므로 에너지와 자원소비를 절감한다. 가볍고 부피가 작은 직물들은 운송이 용이하며 물류비가 적게 든다. 또, 제품수명 주기의 소비 단계에서 에너지를 절약할 수도 있는데, 낮은 온도에서 세탁이 용이하고 빨리 건조되고 다림질 온도도 낮다. 합성섬유에는 이같은 장점이 있으므로 디자인의 영감은 자연에서 받았을지라도 반드시 천연재료를 써야만 하는 것은 아니다.

효과적으로 패턴을 커팅함으로써 직물 사용을 최소화하고 의복의 비례나 패턴 조각수를 바꾸거나 의복구조를 바꿈으로 자원을 절감하고 경량화를 유도할 수 있다. /그림 7-29/는 원단 재단 폐기율 0에 도전한 아이디어이다. 또, 모듈식의 한 벌 옷이 여러 벌의 옷으로 다양하게 변신할 수 있는 다기능성을 통해 하나의 제품이 여러 용도로 착용이 가능하도록 디자인하고 발전시키는 것이 가능하다.

OE(Organic Exchange) Standard_ Organic 섬유(주로 면섬유)가 5% 이상이면 인증 절차를 밟을 수 있다. OE 100과 OE blended 두 가지가 있다.

7-26_ GOTS & OE Standard

7-27_ 가죽 사용을 피하고 가벼워진 프라다 가방

7-28_ 프라다의 가벼운 스웨터와 라미
네이팅한 겨울용 패션

7-29_ Zero waste design, Mark Lui, 2011

재활용을 위한 디자인 DFR, DFD

Design For Recycle, Design For Disassembly는 애초에 재활용을 위한 목적으로 해체가 용이하거나 아예 불필요하게 제품을 기획한다. 재염색할 수 있는 흰색으로, 혼방 대신 순수한 섬유제품으로 기획하는 것이다. 또, 본딩 기술, 레이저 커팅, 초음파 융착 등 재봉사가 불필요한 봉제 접합기술을 사용하면 제품수명 주기의 마지막 단계에서 제품의 해체 분해가 빨라진다. 100% 폴리에스테르를 사용하고 부자재, 즉 지퍼, 스냅, 여밈 부속, 라벨, 실, 스토퍼, 단추 등도 모두 폴리에스테르를 사용하면 폐기 시 다 함께 녹여 재사용하면 된다. 금속이나 다른 재활용 물질들을 따로 분류할 필요가 없어진다. 제품수명 마지막 단계에서 완전히 생분해되는 제품의 경우, 이를 위해서는 부속 재료의 선정, 가공공정 등이 세밀하게 관리되어야 한다.

폴리에스테르섬유는 회수된 포, 실, 옷 등의 형태로부터 재활용이 가능한 반면, 천연섬유는 재활용하는 것이 비교적 어려우며, 재활용 시에는 실의 강도가 저하되므로 새 원료를 보충해야만 한다.

혼방으로 사용하기보다는 100% 한 가지 섬유를 선택하여 재봉까지 동일한 섬유를 사용하여 재활용방법을 동일하도록 하는 것이 필요하다.

업 사이클링 vs. 다운 사이클링 재활용

텍스타일제품은 재활용될 수 있는 아이템이다. 수거된 것 중에서 품질이 좋은 것은 재판매되거나 아동복 등으로 upcycling되어 원조를 보내기도 한다.
미소니를 시초로 해서 최근에는 유니클로가 여러 가지 색사가 조금씩 남게 되는 재고 실을 사용하여 아름다운 편물 드레스 또는 스웨터를 만들기도 하였다. 옷

7-30_ 지속가능성 : 손바늘질과 수공예 염색기법, Alabama Chanin, 2010

의 재활용에 비해 직물의 재활용량은 비교적 적은데, 걸레나 매트리스 충전재로 쓰이며 잘게 부서지게 되면 한 등급 낮은 재활용이란 의미로 downcycling된다. 이는 값싸고 활용가치가 낮은 제품으로 재활용되는 것을 의미하는데, 여러 종류의 섬유혼방으로 품질이 낮아지는 경우 의복과 같은 고품질의 제품으로 다시 사용되기보다 절연패널이나 매트리스 속 등으로 활용되고 있다.

판매와 유통
Sales & Retailing

지역성과 글로벌성 Local & Global

패션 텍스타일 산업의 글로벌화로 인해, 면 티셔츠는 목화 재배부터 생산되어 소비자의 손에 들어가기까지 평균적으로 지구 한 바퀴를 돌게 되는데, 그 과정에서 수차례에 걸쳐 다양한 유통의 단계를 거친다. 생산지와 가공지가 다른 유통 관련 비용을 가격으로 책정해 보면 면의 경우 유통의 환경부담금은 생산비의 절반이었고 가공비의 16배였다.

글로벌 브랜드 매장에서는 똑같은 의상과 똑같은 소비경험을 제공하는 소위 '맥패션'이라는 패스트 패션에 의해 소비 지상주의, 동질화 현상을 증폭시키고 있다. 급변하는 패션 트렌드에 의해 제품들은 노동력과 자원을 부당하게 활용하며, 환경 영향을 증대시키고 소비를 조장한다. 또, 소비주의가 팽배해지고 소유가 개인의 행복 추구라는 개념이 지배하게 된다.

지역활동은 우리의 손으로 가능한 자원과 기술을 이용해 문제를 독창적으로 해결함으로써 인간의 창의성을 촉진시키는데 도움이 된다. 결과적으로 동질성이 낮으며 지역향토와 미적인 의제에 따른 아이디어, 기술, 자원의 흐름을 반영할 수가 있다.

7-31_ 보자기를 활용한 지속가능성 패션, 인하대, 이고은, 2006

7-32_ 우리의 전통 누빔과 손뜨개, Kang Soojin, 2011

슬로우 패션Slow Fashion의 가치

우리는 물건을 구매함으로써 즐거움, 새로운 경험들, 사회적 지위 정체성을 위한 욕망을 채워 왔다. 그러나 이러한 욕망 충족은 소유, 소비를 통해서만이 아니라 창작, 교육활동, 정보 및 idea의 공유와 나눔, 칭찬 등으로 가능하다. 장인의 손으로 정성을 들여 제작되었거나 착용자 스스로 개성 있게 만들어 하나밖에 없는 옷 등을 통해 slow fashion을 실천하는 것이 가능하며 창작에 대한 욕구가 채워져 행복할 수 있다. 우리는 인디고, 먹물, 천연염색, 보자기, 누빔, 한지, 매듭 등과 같은 전통적 공예기술을 어떻게 보존해야 할지 고민해야 한다. 이러한 공예기술들은 텍스타일에 개성과 독자성을 부여하고 그 정성과 들인 시간은 제품에 가치를 더해 주게 되는데, 이것이 명품 컬렉션에서도 이러한 수공으로 마무리와 가공을 하는 이유이다.

7-33_ 자신의 스토리가 담겨 있는 아플리케 자수

생활자 vs. 소비자
Prosumer & Consumer

폐기량을 줄이는 중고시장 Flea market

선진국에서는 1인당 30kg의 섬유를 소비하고 있는데 이는 15년 전보다 2배로 증가한 것이다. 값싼 섬유의 시장 독점과 증가하는 소비로 인해 20년 넘게 중고 텍스타일 제품도매가는 하락해 왔고, 소비 후 남은 텍스타일 폐기물은 엄청나게 증가하였다. 각 가정에서 배출하는 쓰레기의 3%가 텍스타일 쓰레기라고 하는데, 피카소는 '모든 창조활동은 자연의 파괴를 동반한다.' 라고 하였다. 90%에 해당되는 지구상의 제품이 생산되어 사용되고 폐기되기까지는 평균 3개월이 채 안 걸린다고 한다. 앞으로는 무언가를 소비하는 '소비자' 라는 단어보다는 삶을 영위하고 생활을 경험하고 배우고 서로 소통하는 '생활자' 라는 단어와 스스로 생산하고 사용한다는 프로슈머prosumer라는 단어가 중요하다.

중고제품의 공급이 수요를 추월하여 재사용 참여자들이 아직까지는 중고제품 시장에 영향을 주지 못하고 있다. 그러나 현재 재사용 인터넷 거래 사이트가 등장하여 사용자, 중고의류, 빈티지 제품의 세계적 자원을 연결해 주고 있으며 패션 물물교환 사이트는 비록 거래량이 많은, 재판매 가치가 높은 고급 브랜드제품에 한정되어 있지만 고급 중고의류시장을 활성화시키고 있다.

재사용 Reuse

수백 년 동안 조각 천 수집가와 재생 털실 제조업자들은 섬유를 재생하고 재사용해 왔다. 개인들도 여러 세대를 이어 집안에서 쓰는 천과 의복들을 재사용하고, 수선해 왔다. 또, 편성물은 실을 다시 풀어서 새로운 스웨터를 짜곤 했다. 이처럼 텍스타일 재료비와 의복이 노동력에 비해 비쌌기 때문에 직물은 정성스럽게 관리되고 수리되었다. 가정에서는 닳은 칼라와 커프스 교체방법, 바지와 재킷을 깁는 방법, 구멍난 부분을 짜깁는 기술 등을 배웠고, 낡은 커튼은 아동복으로, 낡은 시트는 먼지털이개로 재사용해 왔다. 이는 최근 다시 등장하고 있는데 윤리적 요인이나 느리게 살기, 자발적 소박함과 같은 라이프스타일에 의한 것으로, 티셔츠, 스웨터의 리모델링에 대한 저서와 창작활동 등이 있다. 스타일링 고치기, 형태 변형, 장식, 오버프린팅, 해체, 재해석, 재단 등과 같은 수많은 기법들이 의복에 새로운 가치와 삶을 부여하

7-34_ 청데님을 재활용한 손바늘질 부엉이, Ann Wood, 2011

7-35_ 벼룩시장에서 구입하여 새로운 스타일로 재창조한 원피스, E2,
2010

7-36_ 양모섬유의 felt화를 이용한 가변적인 패션, Adrea Zittel, 2010

고 있는데, 이는 중고의류를 단 하나뿐인 패션제품으로 변형시키는 재작업, 재구조
화 작업을 위한 혁신적인 문화생활이다.

새로운 미학 & 가치 사회 Society & New Paradigm

자아표현의 여지가 거의 없는 폐쇄적인 기성복을 판매하고 또 이를 구매하는 것
은 창작활동에 참여하고 이를 이해하며 창조적이고 싶은 우리의 본능 욕구를 저
해하고 있다.

새로운 사회는 소비, 소유보다는 다양성, 사용성과 아름다움으로 향상되는
곳, 자원이 절약되는 곳, 사용자의 마음과 정신, 산업체 모두 보다 광대한 지속가
능에 대해 준비된 곳이다. 예를 들면 염색이 끝난 염욕을 재사용할 경우 이전과
동일한 색상을 얻기 어렵지만 그 염욕을 재사용하는 폐쇄공정closed roof에서 나온
제품도 마다하지 않는 곳이다. 또, 창의적, 정체성, 자발적으로 환경운동 참여 등
새로운 가치가 공유될 때 우리는 풍부함을 느끼는 곳이다.

7-37_ 친구의 손편지로 만든 스커트

Textile
Manufacturing
& History

CHAPTER 8
텍스타일 생산과 역사

1. 텍스타일의 생산
2. 텍스타일 디자인의 역사
3. 우리의 아름다운 원단

새로운 텍스타일은 원단 자체의 혁신만이 아닌 텍스타일 화학,
텍스타일 기계와 같은 텍스타일 산업 전체의 혁신이며,
이는 패션의 생산과 디자인의 변화를 가능하게 하여
패션 비즈니스에 영향을 미치게 된다.
새로이 탄생한 텍스타일뿐만 아니라 역사적으로 유명한
텍스타일의 재발견을 통하여 패션을 재창조한다.

1 텍스타일의 생산
Textile Manufacturing

선진국의 원단업체들은 다양한 아이디어로 원단을 만들고 원단 패션쇼를 하는 등 새로운 원단 개발을 중요시한다. 구매자로부터 수주 받는 데 실패하여 생산으로 연결되지 못하고 견본으로 남거나 판매예측이 불확실하여 리스크가 높더라도 새로운 원단을 개발하기 위해 R&D에 적극적이다. 그들은 끊임없이 신제품을 개발함을 원칙으로 삼고 있으며 이를 멈추는 날이 바로 회사 문을 닫는 날이라고 여기고 있다. 또한, 스타일리스트와 원단업체 간에 친밀한 신뢰가 구축되어 있으며 우수한 제품을 개발하기 위해 아이디어와 정보망을 공동으로 구축하고 있으며 심지어 자기들만의 언어도 가지고 있다.

텍스타일 기획
Textiles Merchandising

의류 및 실내 인테리어용 텍스타일 기획에서 중요한 점은 텍스타일의 '외관'과 '태'이다. 이를 고려하여 매 시즌마다 디렉터가 텍스타일을 기획, 개발, 수정하여 제시, 판매를 하게 된다. 한 라인의 콘셉트, 테마 제안이 확정되면, 기획안을 중심으로 구성, 조정, 개발 방향을 제시하고 그 후에 가공과 색을 부여하게 된다. 또 생산 시스템과 조정 및 협업 등을 행하는데, 특정시점에 공장별 생산 제품을 배분하며, 진행 단계 및 스케줄 점검 등의 책임을 지닌다.

박람회, 전시회 정보 Fabric Forcasting exhibition

직물, 편물 및 원사, 프린트, 레이스, 부자재 및 장식 등 각기 전문 원단 박람회가 따로 개최되고 있다. 유럽, 미주, 아시아 등 세계적으로 유명한 도시는 저마다 차별화된 원단박람회를 각자 일정에 맞추어 연 2회씩 열고 있다. 주최자 또는 각 부스 원단업체에서는 새로 개발된 원단이나 관련 정보, 적용이 가능한 의류 아이템과 스타일, 봉제 기술 등 판촉을 위한 모든 자료를 비치하여 참가자 및 관람객에게 제공하고 있다. 원단 샘플은 관람 바이어를 위하여 다양한 방법으로 전시되는데, 주로 한쪽 끝을 고정하고 밑으로 처지게 하여 원단의 태, 즉 두께, 무게, 드레이프성 등을 쉽게 파악하고 만져볼 수 있게 한다.

프리미에르 비종Premiere Vision은 가장 큰 직물 및 컬러 전시회이다. 유명한 직물 제조업자들이 새로운 원단을 전시하고 디자이너 및 어패럴 회사로부터 주문을 받는다. 샘플만 있는 것은 주문을 받은 후 생산에 들어가므로 주문 시 디자인의 수정 요청이 가능하다. 주문량이 충분하지 않을 때에는 여러 주문을 합쳐서 생산하므로 입고 시간이 오래 걸린다. 피띠 필라띠Pitti Filati는 원사 및 편물 박람회인데, 최신 방적사를 전시하고 각종 니트 샘플과 스타일을 전시한다.

그밖에 미리 예약한 구매자만 출입이 가능한 박람회도 있으므로 여행 경비, 숙박비, 등을 고려해서 미리 계획을 세워야 한다. 넓은 전시실을 꽉 채운 방대한 정보를 전부 수집하기보다는 자기 시장에 필요한 것을 선택적으로 수집하는 편이 좋으며, 이를 기록할 카메라, 녹음기 등을 준비하는 것이 좋다. 전시회 관람으로 기획을 위한 영감을 얻기도 하며, 정보 분석 후 자신의 컬렉션 방향을 확실히 세울 수도 있다.

동양의 박람회(한, 중, 일)는 비슷한 시기에 개최하여 서양에서 지구를 반 바퀴나 돌아오는 구매자가 한 번 출장으로 모든 전시회를 방문하는 것이 가능하도록 개최 일정을 수립하며, 또 박람회마다 고유한 기획을 하여 서로 차별화하는 것이 좋다.

8-1_ 박람회, 전시회 모습

8-2_ Hourglass Siluouette, Elie Saab, 2008 S/S

8-3_ 볼륨과 헹라인을 강조한 드레스, Givenchy, 2008 S/S

창작원단 컬렉션 Fabric collection

스스로 창작 활동을 통하여 작은 크기로 텍스타일을 만드는데, 실험적이고 흥미로운 아이디어를 표현하고 발전시킬 수 있다. 정밀한 디자인이라도 디자인한 텍스타일 샘플이 너무 작으면 안 되는데, 이는 원단에 있어서 배치, 반복을 충분히 보여 줄 수 없기 때문이다. 적어도 사방 50cm 이상으로 샘플을 만들어야 하며, 이때 실제 원단으로 활용이 가능하다. 또, 개발하는 원단은 어떤 의복에 사용할 수 있을지 미리 생각해서 디자인해야 하는데, 즉 쓰임새와 용도를 미리 생각하는 것이 좋다. 원단의 생산까지 결정했다면 생산에 필요한 기술과 기법 등을 다양하게 숙지하고 필요한 경비까지 파악하는 것이 좋다.

원단 컬렉션을 기획할 때는 디자인들이 조화를 이루도록 공통적 테마를 결정해야 한다. 그러나 텍스타일 컬렉션에서 모티프를 반복하여 사용하지 않는 것은 중요하다. 유사한 두 디자인을 두 회사에 각기 팔았을 때 각 회사에서 디자인을 그대로 사용하지 않고 약간씩 수정한다면, 즉 모티프의 크기, 색, 배치 등을 조정한다면 그 두 디자인은 최종적으로 유사하게 되는 상황이 발생할 수도 있다.

텍스타일 기획 및 평가의 순서 Order of Textile planning & Evaluation

텍스타일을 개발할 때나 또는 텍스타일을 평가할 때에 다음의 순서로 하는 것이 바람직하다.

◈ 바디감, 분위기 선정 /body/

옷감마다 분위기, 실루엣, 형태가 서로 다르다. 레이온은 무겁고 축 떨어지는 성질로 신체 동작 시 체형을 따라서 그대로 표현되는 반면에 폴리에스테르는 이와 정반대로 인체에서 멀리 퍼지게 된다. 이같은 원단의 분위기와 실루엣을 바디감이라고 한다. 옷은 테이블보, 테페스트리, 카펫 등과 같이 가만히 정지해 있지 않는다. 옷은 당겨지고, 늘어지고, 흔들리고, 날리고, 스커트에 빙 둘리고, 접혔다가 펴지기도 하고, 늘어났다 줄어들기도 하고, 주름이 잡히기도 한다. 따라서, 원단의 바디감은 동적인 상태에서 파악해야 한다. 어깨 위에 올려놓고 원단이 축 늘어지고 아래로 처지거나 뻣뻣한 모습, 흔들리고 펄럭이는 양상, 떨어지는 속도 등을 파악하고 이를 기획하는 것이 바로 소재기획이다. 즉 원단을 기획할 때나 평가할 때에는 먼저 원단의 바디감, 느낌, 분위기를 선정해야 한다. 이를 잊지 않기 위해서 맵이나 보드로 만들어 두는 것이 좋다. 이를 위한 자료를 수집하여 아이디어 발상을 전개하고 기획하고자 하는 분위기를 결정한다. 과거의 옷이나 원단의 샘플을 비롯한 다양한 문화와 역사, 갤러리, 자연, 건축물 등이 영감의 근원이 될 수 있다. 또, 흥미로운 스토리로 확대시키고, 개발하고자 하는 아이템 등으로 발전시키기 위한 연결고리를 만들어 다음 단계가 용이하도록 한다. 원단을 평가할 때도 원단을 전체 폭으로, 1m 이상의 길이로 준비하여 평가한다. 패션쇼를 볼 때도 1m 이상 떨어져 보았을 때 원단의 모습, 분위기, 실루엣 등을 제대로 파악할 수 있다.

8-4_ 실크 저어지 드레스, 정누리, 2008 S/S

◈ 설계명세 /specification/

위에서 결정된 바디감, 분위기를 나타내는 텍스타일을 구현하기 위하여 구체적인 방법들을 생각한다. 즉, 조직·편물, 밀도·게이지, 실의 굵기와 품질, 실의 꼬임수와 배열, 섬유의 종류와 번수 등을 결정한다. 이것은 원단을 평가할 때 작은 조각으로도 파악할 수 있는 명세 사항이다. 예를 들어, 원단에 신축성을 부여하기 위해 폴리우레탄섬유를 사용할 것인지, 아니면 강연사를 사용해서 자체적으로 스트레치성을 갖게 할 것인지, 고신축성 폴리에스테르섬유를 사용할 것인지 등을 결정해야 한다.

◈ 후가공 /finishing/

설계명세 결정 후에는 가공처리 유무를 생각한다. 즉 광택가공, 기모가공, 코팅가공, 오일가공, 고무가공, 주름가공, 유행하는 가공, 퀼팅 각종 후가공처리 방법을 결정한다. 평범한 원단도 다양한 모습이 될 수 있으며 다품종으로 만들 수 있다.

8-5_ Wool mark Design Award 2000 F/W, Kyle Farmer

◈ 색, 문양 /color, pattern/

위에서 개발된 흰색의 원단에 색을 부여하는 '화장' 단계이다. 백지를 마네킹에 걸어 실루엣과 분위기를 보고 나서 색과 무늬를 결정한다. 많은 이들이 문양 디자인만을 '텍스타일 디자인'이라고 잘못 알고 있는데, 하와이풍 리조트웨어의 프린트물, 한복지, 비즈니스웨어 원단, 셔츠감 등 거의 유사한 실루엣을 내는 원단에서는 이 단계만을 변화시키면 되는 경우도 있기는 하다.

프린트 텍스타일 디자인
Print Textiles Design

협의의 텍스타일 디자인을 말하는데, 먼저 주제subject를 선정해야 하며 그 다음에 자기 나름대로 해석을 한다. 여러 가지 해석보다는 간단한 해석이 좋다. 영감을 받을 수 있는 소스에는 눈에 보이는 사물 이외의 다양한 개념들, 예를 들면 색채감, 재질감, 정신세계, 다양한 실험적 과정, 언어와 노래, 기관과 역할 등이 가능하다.

개발한 텍스타일 디자인을 원단으로 만들거나 최종적으로 특정 의복에서 사용될 때에 어떠한 중량감으로 보이게 할 것인가에 대하여 생각한다. 즉 직물과 실, 섬유에 대한 이해가 필요하다.

프린트 텍스타일 디자인의 기법 Design Techniques

◆ 드로잉 /drawing/

스케치를 통해 아이디어를 교환하는 것은 가장 기본이다. 다양한 드로잉 기법으로 실험적 시도를 하고 종이, 모니터, 물감, 연필 등의 여러 매체를 사용하여 선, 색, 재질감을 표현할 수 있다. 이를 실제 옷에서 어떻게 표현할 것인지 실루엣, 색과 구도 등을 염두에 두면서 함께 확장해 본다. 이때 정확한 표현을 할 것인지 관념적인 방향으로 전개할 것인지도 결정해야 한다.

8-6_ 레오나르도 다빈치의 드로잉과 이에 영감을 받은 드레스, Carlos Miele, 2005 F/W, 뉴욕

◆ 콜라주 /collage/

콜라주로 아이디어를 교환, 소통하는 것이 가능하다. 니트 또는 원단 구조를 위한 아이디어를 얻기 위해서 여러 종류의 종이를 사용해 작업을 하거나 다른 재료들과 섞어서 여러 버전으로 재질감을 만들어 보는 것이 도움이 된다. 그러나 만들고자 하는 직편물의 기능성을 확인하는 것을 잊어서는 안 된다. 따라서 비섬유 물질보다는 섬유와 유사한 재료나 구조물을 가지고 샘플을 제작 실험해 보는 것이 좋다.

8-7_ 한지 콜라주, 대구 텍스타일 아트 도큐먼트, 김영은, 2004

◆ 사진기법 /photo/

사진을 활용하여 구현하기도 하는데, 사진은 순간의 모습을 잡아내기에 유용하며 재질이나 형태를 일일이 손으로 그릴 필요가 없이 상세하고도 즉각적으로 기록할 수 있다. 포토샵, 디지털 프린터 등 도구를 이용하면 손쉽게 사진 이미지를 디자인으로 완성시킬 수 있다.

8-8_ Alexander McQueen의 성당 벽화와 조각상 사진의 활용 예, 2010

237

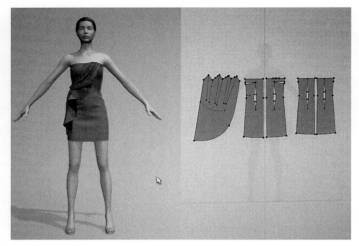
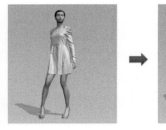

8-9_ 옷본 패턴을 수정하면 3D 아바타에서
그대로 나타난다(3D CLO).

◈ 캐드 /CAD/

CAD는 실제 디자인부터 시작하여 직물, 편물의 변화조직 및 스티치 디자인 등 텍스타일 기획에 유용한데, 생산하기 전에 미리 모니터로 확인할 수 있으며 자동으로 조화로운 색을 추천해 주므로 매우 편리하다.

2D, 3D 기술이 발달함에 따라 작업이 훨씬 간편해졌는데 디자인 색 변경, 반복과 스케일 수정 등 신속한 작업 및 소통이 가능해졌다. 원본을 스캔하여 다양하게 변형하거나 다른 것과 합쳐서 레이어 작업이 가능하다. 최종적으로 개발된 원단은 맵핑을 통해 도식화, 인체 사진, 아바타 등에 미리 입혀 볼 수도 있다. 옷본 패턴과 연결된 3D CAD를 이용하면 자기 사이즈의 아바타 위에 샘플 옷을 입혀 볼 수 있고 여유량 및 의복압, 옷의 처짐과 드레이프성 등을 미리 볼 수도 있다. 특히 옷감의 종류, 중량감, 드레이프성 등이 계산되어 옷이 인체 위에서 자연스럽게 처지는데, 아바타가 움직이면 옷이 펄럭이는 모습까지 볼 수 있다. 또, 옷본을 수정하면 착용 상태에서 옷이 그대로 변경되므로 패턴 수정이 용이하다는 이점이 있고, 착용 아바타의 가상 패션쇼까지 가능하다.

프린트 텍스타일 디자인의 기본원리 Basic principle of Textile Design

프린트 원단의 생명은 색과 무늬 연출에 있다고 할 수 있는데, 색, 무늬의 구도는 인날 방법에 따라 다르므로 생산원가가 달라진다. 또, 봉제에서 요척의 차이나

8-10_ 3D CAD로 제작한 작품으로 패션쇼 진행

재단, 봉합의 난이도 등에도 영향을 미친다.

◆ 스케일 /Scale/

무늬의 크기는 모티프와 여백의 크기, 원단의 최종용도, 공장의 설비시설 등을 고려하여 결정한다. 원단의 무늬는 크기가 너무 작거나 너무 크지 않아야 하며, 대비효과를 내기 위해서 크고 작은 무늬를 함께 섞어 사용할 수도 있다. 재단된 조각이 합쳐져 이루어지는 의복에서 무늬가 어떻게 보일지 미리 생각해야 하는데, 큰 무늬라면 신체 위에서 어떻게 배치될지 미리 생각해야 한다. 상/하의, 이너웨어/아우터웨어 등 아이템 간에서, 또는 하나의 옷에서도 소매판/몸판, 앞면/뒤면/옆면 등 의복의 형태 안에서 요소들이 어떻게 배치될지를 생각해야 한다.

8-11_ 남성적인 하운드투스 원단으로 스케일을 다양하게 활용하여 긴 장갑, 브라, 미니스커트로 여성적인 콘셉트를 표현, Azzedine Alaia, 1991 S/S

◆ 반복 /Repeat/

회화와 달리 텍스타일 디자인은 단위 모티프가 반복되는데, 이때 경계면을 주의해야 한다. 컴퓨터로 작업하면 경계면 수정이 용이하며 미리보기를 통해 다양한 수정이 가능하다. 1/2 drop repeat가 흔하며, straight repeat_{block repeat}는 주로 중앙에 위치한 큰 무늬를 기준으로 4 코너에 작은 무늬가 있는 경우에 한한다.

◆ 배열 /LAYOUT/

구도, 모티프의 배치를 말한다. 피스_{Piece} 구도, 판넬_{pannel} 구도 등이 있다.

/피스 구도/

1 way pattern_ 무늬에 상하가 있는 것으로, 모티프가 한 방향을 향하고 있다. 무늬의 상하와 옷의 상하를 맞추어야 하는 제약이 있기 때문에 요척이 많아진다.

2 way pattern_ 절반의 무늬가 거꾸로 되어 있어서 거꾸로 사용해도 동일한 느낌을 주게 되므로 상하 방향을 섞어 사용해도 된다. 만약 상하 구분은 없으나 좌우 구별이 있다면 옆으로 패턴을 뜰 수는 없게 된다.

All over, random pattern_ 방향성이 없으므로 어느 방향으로나 사용이 가능하다. 따라서, 원단 사용량이 가장 적다.

/판넬 구도/

하나의 스크린이 독립적으로 완전한 무늬가 되면 이를 단독무늬, no repeat 무늬라고도 하는데, 스크린형의 하나로 무늬의 구성이 하나의 틀 속에서 완결된다. 위사 방향으로 끊어진 곳이 있으며, 무늬의 연속성은 없다. 고가의 옷에 채용되며 옷 디자이너와 텍스타일 디자이너의 협동으로 행해진다. 또, 타월, 러그, 카펫, 스카프 등에 많이 활용된다.

동일BS무늬_ 동일한 프린트 생지에 날염된 동일 반복 무늬. 판넬을 연결하여 만드는 블라우스_{Blouse}와 스커트_{Skirt} 또는 스카프용 구도이다.

TB무늬_ 동일한 프린트 생지에 날염된 다른 무늬 두 종류. 코디가 가능한 상의_{Top}와 하의_{Bottom}를 만들기 위한 구도이다.

8-12_ 옷 패턴, 형입이 숨겨진 무늬,
Alexader McQueen, 2011 F/W

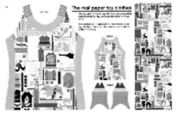

/형입무늬 구도/

형입무늬_ 한 판넬 가운데에 옷 한 벌분의 각 parts가 형입되어 있어 한눈에
알아볼 수 있는 구도이다. part의 크기나 디자인 변경에 대응할 수 없으나 연
출효과가 좋다.

형입이 숨겨진 무늬_ engineered pattern이라고 부르는데, parts의 형태가 드러
나 있지는 않지만 미리 형입해 보고 기획 프린트한다. 크기나 디자인에 약간
의 변경이 가능하다.

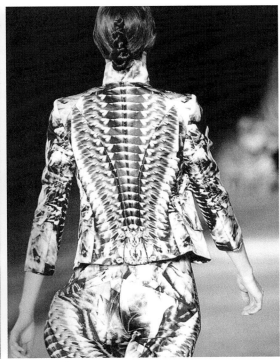

8-14_ 형입무늬 구도로 프린트하여 만
든 옷, 알렉산더 맥퀸, 2009 S/S

8-15_ 티벳의 전통복식에서 영감을 받은 White on White 배색의 재킷과 주름치마, 알렉산더 맥퀸, 2009

흰색끼리의 배색
White on white coordination

색채학에는 white on white 배색이 없지만 텍스타일에서는 가능하다. 원단의 색은 인쇄물의 색과 다르며 더 복잡하다. 즉 인쇄물의 색보다 원단의 색이 더욱 풍성하고 많다. 색을 지시할 때 색지 견본을 주어도 원단에서 제대로 표현이 안 되는 것은 원단에는 섬유나 실 사이에 공간, 꼬임이 있고, 재질이 다양하여 재질감이 있기 때문이다. 즉, 재질감을 동반하지 않은 색은 원단의 색이 아니다. 원단에서는 흰 원단에도 흰색으로 배색을 할 수가 있다. 흰 포에 흰색으로 pigment 안료나 프린트, 또는 흰색의 자수실로 배색이 가능하다. 또, 광택 유무, 투명감 및 반투명감, 표면 요철감의 음영, 첨모, flocking, 오팔 번아웃 가공 등으로 흰색이라 하더라도 다른 흰색으로 보이도록 배색이 가능하다. 즉, 텍스타일에서는 섬유가 천연적으로 지니는 자체 색이나 염색으로 처음 부여된 색 이외에도 실, 조직의 종류, 가공 종류, 재질감 등에 의해 발현되는 색이 존재한다. 경위사의 색이 서로 다른 교직물이나 샴브레이 컬러 이외에도 기계적, 화학적 가공을 통해서 텍스타일의 재질감을 변화시킬 수 있는데, 이때 원단의 색이 변하게 된다. 특히 니트, 자수 등 장식물에 있어서 이는 매우 중요한 부분을 차지한다. 또 투명한 코팅을 하게 되면 코팅 밑으로 바닥에 보이는 색이 있는데, 이를 skeleton 색이라고도 부른다.

　최근에는 패스트 패션의 병폐로 인해 지속가능성이 중요해지면서 한 벌의 옷을 오래 착용하는 것을 권장하는데, 제품의 처음 색과는 다른 색이 사용 도중에

8-16_ 오른팔을 노출하여 전투나 활동에 용이한 티베트 전통복식, 1982

출현함에 따라 동일한 옷의 지루함을 줄이도록 노력한다. 사용하는 시간과 비례
하여 또는 사용자의 가령과 함께 낡으면서 텍스타일 밑에 있던 색이 드러나게 되
는 것이다. 이는 데님을 착용하면서 색이 바래는 것과 유사한데, 오래 사용할수
록 더욱 애착이 생겨 옷을 버릴 수 없게 된다.

8-17_ 꽃무늬 인도 민속복식, 금은박사
를 이용하여 직조한 인도 민속복식의 크
고 화려한 꽃무늬이다.

1. 안악 3호분

2. 덕흥리 고분

3. 쌍영총 고분

4. 안악 2호분

5. 강서중묘

6. 진파리 1호분

7. 강서중묘

8. 통구 사신총

8-18_ 페이즐리 무늬의 기원으로 보이는
고구려 고분벽화의 물결 및 인동초 무늬

2 텍스타일 디자인의 역사
History of Textile Design

사랑받은 텍스타일 디자인
popular textile designs

꽃무늬 Floral

꽃무늬는 지난 수백 년 동안 가장 흔히 사용되어 왔고 가장 많이 판매되었다. 사실적으로 또는 양식적으로 묘사하여 사용하였는데, 꽃무늬는 하나의 꽃송이에서부터 부케나 잎과 줄기의 조합 등 다양한 변화가 가능하기 때문에 오랫동안 꾸준히 사랑을 받아왔다. 꽃무늬와 다채로운 색상, 배열이 특징인 친츠Chinz가 기원전 400년 인도에서 유래되어 유럽으로 퍼지게 되었으며, 현재는 실내 장식용 홈패션 원단에 많이 이용되고 있다. 꽃무늬 이외의 자연물, 동물이나 조개, 돌, 물결, 목가적 풍경Toile de Jouy, 트왈드주이 등을 중국 화병, 대나무 등 동양적인 요소와 함께 배치하는 시누아제리Chinoiserie가 한때 유행하기도 하였다.

페이즐리 무늬 Paisley

페이즐리Paisley 무늬는 솔, 식물의 줄기, 늘어진 꽃봉오리, 알뿌리 등에서 양식화되었다고 여겨지는데, 17세기 인도 캐시미어 솔에서 발견되었다. 이것이 18세기에 유럽으로 전해지면서 당시 최고의 고급품이었는데, 정교한 솔 제품은 숙련된 인도 직공이 5년간 작업해야 겨우 하나 만들 수 있었으며 런던의 집 한 채 값이었다. 이후 동서양 교역으로 인해 재해석되고 동서양 양식이 혼합되면서 무늬가 더욱 정교해졌는데, '오랫동안 친숙하고도 훌륭한 형태'로 널리 받아들여지며 꾸준히 사랑을 받고 있다.

사실 페이즐리 무늬는 고구려 고분벽화(357년)에서도 찾아볼 수 있다. 이는 생명의 싹, 인동초 무늬, 구름 등으로써 자연에서 쉽게 찾아볼 수 있는 형태이다. 고구려 고분벽화에 나오는 여덟 잎의 꽃무늬 및 페이즐리, 곡선무늬는 백제의 와당과 신라의 금관, 성덕대왕신종의 비천도 등에도 영향을 미쳤다. 페이즐리 무늬는 실크로드를 통해 유럽으로 전달되었다. 동양의 경금, 위금에서 보듯이 섬세하고 정교한 무늬를 넣어서 제작하는 것은 고도의 기술이었다. 프랑스 리용의 Jacquard는 19세기 초에 들어와서야 기술자 두 명이 함께 앉아서 짜야 하는 동양의 화직기華織機를 본떠 자카드 기계를 발명하게 되는데, 비로소 크고 화려한 꽃무늬 원단을 쉽고 빠르게 제작할 수 있게 되었다.

8-19_ 고대 동양의 화직기 재현

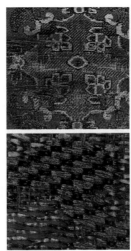

위금   경금

8-21_ 고대의 우리 경금과 위금, 동아
시아 민속복을 착용하고 위금을 제작하
는 모습

8-20_ 서양의 자카드직기로 생산된 자
카드 꽃무늬 원단

8-22_ 고대 동아시아 제직기술이 실크
로드를 통해 전해진 것으로 추정되는 노
르웨이 민속복식, 1971
짙은 바탕에 좁고 화려한 두 민속복은 무
늬가 있는 공통점을 갖는다.

트롱프 뢰유 Trompe L'oeil

눈속임Fake이란 뜻의 프랑스어로, 촉감이나 입체감에 착시를 일으키도록 한 프린트 디자인기법이다. 인테리어제품에 많이 애용되었는데, 원단을 3D로 보이게 하거나 고급원단을 저렴하게 흉내내는 데 활용되었다. 시어서커, 플리세, 므와레, 레이스, 러플, tassel, fringes, braiding 등 고가의 원단 및 디테일을 모방하는 프린트 무늬가 있었는데, 당시에는 부도덕성에 대한 질타를 받기도 하였으나 현재는 저렴하고 바람직한 디자인 방법이라고 여기게 되었다.

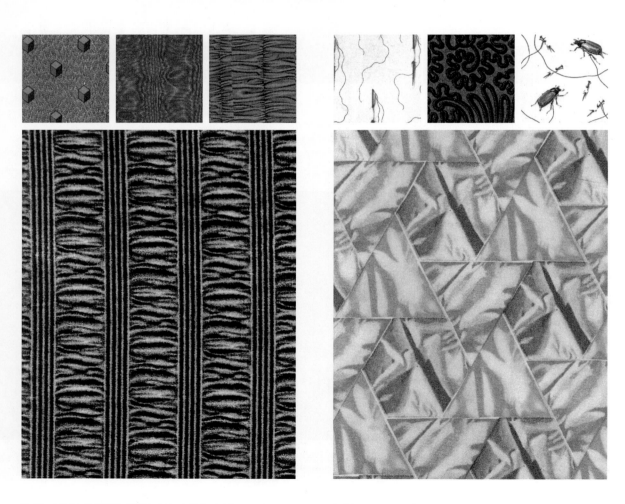

8-23_ 트롱프 뢰유(입방 면직물 1860, 므와레 면직물 1890, 셔링 면직물 1890, 시어서커 실크벨벳 1895)

8-24_ 트롱프 뢰유(삼각 연결, 미국 1940, 바늘, 끈, 곤충, 프랑스 1880)

경사 프린트 vs. 이카트, 비금 Warp Print vs. Ikat, Bigem

유럽에서는 19세기 후반에 여성복, 특히 실크제품에 널리 사용되었다. 위사를 삽입하기 전에 평행으로 배열된 경사 위에 어떤 무늬든지 프린트를 하면 최종 제품에서 그 무늬는 희미하게 번진 테두리를 갖게 된다. 인도네시아의 전통무늬인 Ikat와 우리나라의 비금은 동아시아의 특징으로서 경사 염색이다. 우리나라에서는 이미 삼국시대에 신라에서 경금의 일종인 비飛금, 조하금으로 널리 사용되었던 것이다.

8-25_ 경사 프린트 Warp Print(1860), silk

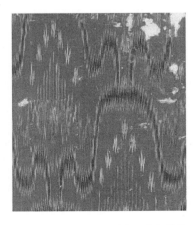

8-26_ 신라시대의 조하금/비금-백색, 황색, 적색, 하늘색, 검은색 5색의 화려한 비금

8-27_ 비금을 프린트한 것을 이용한 에스닉 느낌의 바지, Van Noten, 2010 S/S

이센트릭 Eccentrics / 옵티칼 Optical

섬세한 기하학 줄무늬를 프린트하던 중에 원단을 프린트 롤러에 실수로 잘못 투입하게 되어 우연히 일그러진 물결 무늬가 발생한 것인데, 약 100년간, 특히 1820~40년에 크게 유행하였다. 이후 다양하게 변형되어 각종 굽어지고 꼬인 무늬, 점진적인 무늬 등으로 발전하였다. 사방으로 점진무늬가 나타나는 옵티칼 무늬는 직기에서는 약간의 조작만으로 격자상의 점진적인 무늬를 얻을 수 있어 선염 직조에서는 19세기 초에 이미 출현했으며 이센트릭 이후 프린트로 전개되었다. 이후 스케일이 크고 대담해진 옵티칼 아트가 예술사조계에 유행하게 되었다.

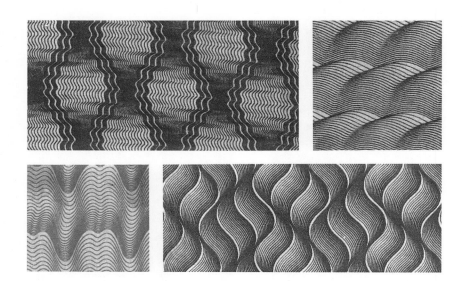

6-28_ 이센트릭(면직물, 1810~1825)

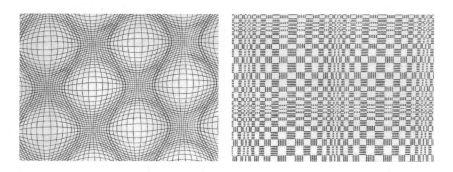

6-29_ 옵티칼(면직물 프린트, 면직물 도비, 1880~1900)

카툰 캐릭터 Cartoon Character

텍스타일 무늬는 최초의 개발자가 잘 알려져 있지 않은데, 이는 헤아릴 수 없을 정도로 다양한 변화, 응용이 가능하기 때문이다. 반면에 20세기 만화 캐릭터는 trademark, 라이센스가 있어서 사용하려면 비용이 꽤 들지만 가장 이익이 많이 남는 무늬로서 현재까지 애용되고 있다. 사진, 그래픽이미지 등을 통해 간편하게 스카프, 티셔츠, 시트지, 커튼, 아동복 등에 적용되고 있으며, 비교적 호소력 및 전파력이 큰 편이다.

스와치 북 Swatch Book

스와치 북 또는 무늬 모음집은 텍스타일 공장이 매년 생산한 것을 기록한 집합체이다. 그 안에는 천 조각, 오리지널 페인팅, 날염에 응용하기 위해 종이에 그린 무늬 등이 다양하게 수집되어 있는데, 중요한 정보와 영감을 주는 디자인 원천이 된다.

8-30_ 19세기 초, 중엽의 스와치 및 무늬 모음집

텍스타일 디자이너와 디자인하우스
Textile Designer & House

텍스타일 디자이너의 이름은 잘 알려지지 않는 편이며, 오랜 전통을 지닌 창작 디자인하우스에서 독자적인 기술을 가지고 개성적으로 개발하여 차별화된 상품을 선보이고 있다.

윌리엄 모리스

19세기 말에 윌리엄 모리스_{William Morris}가 전면으로 끊임없이 휘감기는 꽃 부케 무늬를 개발하였다. 그는 영국 미술공예운동의 핵심인물로 아르누보 시작과 동시대에 활동했다. 그는 풍성한 상상력을 지닌 디자이너인 동시에 공예명장, 시인, 사회개혁가였는데, 그의 텍스타일 디자인은 섬세한 회색조의 펜 무늬로 미묘하게 화려하고 풍부한 특징을 나타낸다. 중세 길드_{Guilds}와 유사한 그의 공방에서 생산된 꽃무늬 텍스타일은 이후 수십 년 동안 꾸준히 사랑받았으며, 현재까지도 생산, 판매되고 있다.

8-31_ 윌리엄 모리스의 Honeysuckle 무늬(면직물, 19세기, 영국)

위이너 웍스태 Wiener Werkstatte

오스트리아 비엔나의 공방 집합체인 위이너 웍스태Wiener Werkstatte는 20세기 초 바우하우스의 이상을 내세우며 활동하였다. 미술공예 운동과 아르데코의 중간적인 형태였으며, 사각형이나 기하학적 무늬, 양식적인 원숭이, 추상적인 꽃무늬 등을 제작하였다.

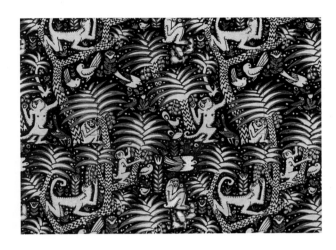

8-32_ 위이너 웍스태(1913, 종이에 물감)

케이트 그린어웨이 Kate Greenaway

19세기 말에는 아동을 위한 특별한 무늬인 Juvenille이 등장하였으며, 제1차 세계대전 이후에 와서는 하나의 산업으로 발전하게 되었다. 영국의 Kate Greenaway가 디자인한 빅토리아시대의 어린이가 노는 모습 무늬는 자녀들의 사랑스런 이미지와 부합되는 덕택에 현재까지 널리 활용되고 있다.

8-33_ 케이트 그린어웨이(면직물, 1880~82, 프랑스)

프랑소와 거버드 Francois Girbaud

텍스타일 미디어를 위하여 자카드 직물로 재킷을 만들었는데, 자카드 무늬는 만화 및 신문 미디어의 모습으로 표현되었다. 이를 통해 대량생산된 텍스타일과 의복을 소비자들이 구매함으로써 텍스타일 및 의복의 창의성과 가치를 잃게 되었다고 주장하였다.

테스트망과 리스버그 Tastemain and Riisberg

복합기능성multi layer 이중직을 다양한 모습으로 표현하였다. 코펜하겐 스쿨의 강사를 포함하여 6명으로 구성된 craft 기본의 스튜디오로, 텍스타일 제조업체와 디자이너들에게 자문, 연구결과를 제공하고 있다. 단순한 표면적인 디자인에서 탈피하여 동시대적이고도 기술적으로 실험적인 연구를 해 오고 있다.

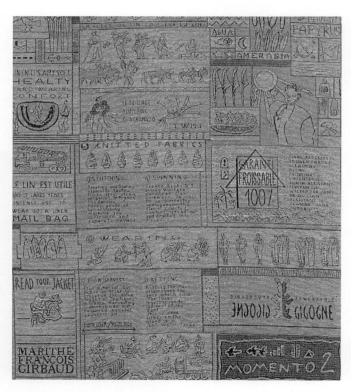

8-34_ 프랑소아 거버드, 1986

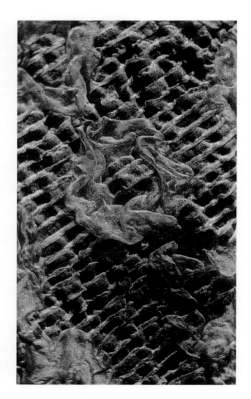

8-35_ 테이스맨과 리스버그의 금으로 라미네이팅, 실크와 면직물(clique)

앤 리차드 Ann Richard

이중직견과양모 실의 꼬임과 천의 구조를 변화시킴으로써 천에 재질감과 신축성을 부여할 수 있는데, 이중직의 경우에는 더 구조적이면서 입체적인 원단이 가능하다. 섬유, 실을 다양하게 사용하여 여러 종류의 직조 구조를 구현하고자 하며, 이때 발생하는 효과를 관찰, 실험하여 새로움을 만드는 것을 중시한다.

8-36_ 앤 리차드의 견과 양모 이중직

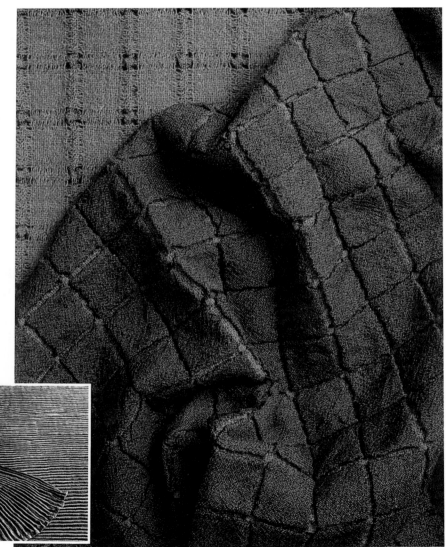

니겔 애킨슨 Nigel Atkinson

면직물 위에 Rubber 프린트를 한 것으로, 친환경성 프린트를 위하여 가열된 고무 페이스트를 프린트하여 자기가 원하는 무늬를 조각하듯이 조형할 수 있다. 이러한 보기 드문 재료끼리의 혼합방법을 Nigel Coates라고 하는데, 이세이 미야키, 마틴 싯봉 등 많은 디자이너들에게 영향을 미치고 있다.

8-37_ 니겔 애킨슨의 고무 프린트

바우만 Creation Baumann

스위스에서 3대째 가업을 잇고 있는 Creation Baumann은 재봉스티치 면직물을
선보였다. 이들은 최고 품질의 실내용 원단을 제공하는데, 실의 꼬임부터 디자인,
유통까지 모두 총괄하는 텍스타일 기업이다. 개인의 디자인력보다는 공동의 팀
노력을 권장하는데, 제품들은 디자인과 기술자의 협동의 결과이므로 기술적으로
한층 앞서고 있다.

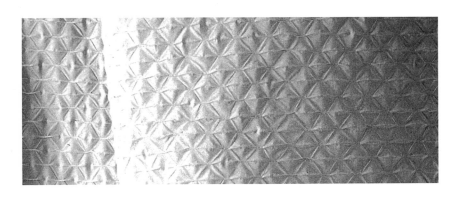

8-38_ 바우만 하우스의 실내용 인테리
어 원단

트로아TROA의 한지사 원단

중국의 선지나 일본의 화지보다 훨씬 질긴 한지를 얇게 잘라 꼬아 만든 실을 면,
견 등 다른 섬유와 섞어 만든다. 색상을 받는 느낌이 좋고, 면과 견의 중간 느낌
의 독특한 미감을 갖는다. 또한, 형태안정성, 내구성이 우수하고 곰팡이 및 유해
세균의 발생을 방지하는 항균성이 있어 땀을 흘려도 냄새가 거의 나지 않으며, 무
게도 일반 면사의 절반에 불과해 매우 가볍다. 매립 시 생분해되는 친환경 패션
소재이다. 한지사를 폴리우레탄과 혼방한 프리미엄 진은 기존 데님보다 가볍고
상쾌하면서도 부드러운 감촉을 구현한다.

8-39_ 한국 트로아의 한지사 원단으로
만든 청바지, 2012

3 우리의 아름다운 원단
Heritage of Traditional Textiles

베 짜는 직녀
Cowboy & Loomgirl

가락바퀴_ 실을 만들 때 사용하는 기구의 한 부품

우리나라 신석기 유적지에서 흙으로 된 가락바퀴를 비롯하여 골침의 바늘 귀에 마사가 감긴 것이 발견되었으며, 청동기 유적지에서는 수직 직기의 추**양모 사용이 추정됨**와 원시 베틀의 몸체가 발견되었다. 이로써 우리나라에서 오래전부터 실을 잣고 직물을 제직하였다는 것을 알 수 있다. 7000~8000년 전부터 황하 하류와 발해 만 연안에 뽕나무 숲이 풍부하였고, 이 지역에 살던 동이족과 복희씨가 가장 먼 저 잠사를 사용하고 가잠家蠶을 하였다고 한다. 소를 모는 견우를 은하수 너머에 서 베를 짜며 배웅하는 직녀는 고대 전설**중국 기원전 5세기, 시경 출처**이지만 별자리, 달력 과 관련이 깊으며, 근면성실의 가치관을 나타낸다. 이후 고조선의 모직물, 마직물 유품도 발견되었으며, 선사시대**삼한, 부여, 가락국**의 직물에 대한 기록도 있다. 삼국시대 에 이미 마, 견섬유 직물이 다양하고 섬세하게 제직되었다.

8-40_ 고구려 덕흥리 고분벽화 천장의 천상세계에 그려진 견우와 직녀, 408

베와 모시
Homp & Ramie

마직물이 대마포베와 저포모시로 나뉘게 된 것은 통일신라시대부터로 그 전까지는 모두 '포布'로 통칭되었다. 고구려 천마총에서 경위사 밀도 24×14/cm 10승의 섬세한 마직물이 발견되었다. 그 당시 5승포는 화폐로 통용되었고 20승 세마포는 진상품, 교역품이었는데, 20승은 통일신라시대에 와서는 복식금제로 인해 진골녀의 겉옷까지만 가능했다. 우리나라의 안동포를 비롯한 대마는 품질이 좋아 잘게 쪼개지므로 극세사를 만들 수 있었다. 우리나라는 부지런한 여인들의 섬세한 수공으로 중국, 일본, 인도를 포함한 동아시아에서 가장 섬세한 대마포를 생산하였는데, 이는 우리나라의 특산물이었다. 모시는 고려시대 왕의 일상복으로 흰 모시 도포를 비롯하여 백성까지 한 모양으로 구별이 없었으나 섬세한 정도만은 구별하였다. 12승 모시는 비단보다 비싸서 몇 배의 가격으로 통용되었다. 우리나라 모시의 섬세함과 색채는 '매미날개 같고 눈과 같이 희다.'고 하였으며, 주변 국가에서 흠모할 정도로 섬세하고 신비로웠으며 아름다움의 극치였다.

8-41_ 한산모시 말리기와 한산모시

8-42_ 한산모시, 이영희, 2010(좌하)

8-43_ 고운 모시와 비단주는 우아한 디자인이 적합, 러플 블라우스와 양모스커트, 룩 거다딘, Luc Goidadin, 2000(우하)

고구려의 색동두루마기와 색동치마
Multiple Colors of Koguryeo Dynasty

고대 아시아에서는 황하 상류 문명뿐만 아니라 요동반도와 산동반도 사이의 발해만 주변의 문명이 있었는데, 이들은 모두 황해를 공유하며 지리적으로도 매우 가깝다. 지중해를 둘러싸고 문화가 꽃피듯이 발해만 연안과 고조선은 황해를 둘러싸고 수준 높은 문화 생활을 하였을 것으로 추측된다.

고구려는 일찍이 중국, 서역 등과 활발히 교류하였으며 이를 백제와 신라에게 전달하였다. 세계적 유산으로서 가치가 높은 고구려의 벽화에는 청룡, 백호, 주작, 현무의 사방신을 비롯하여 별자리, 천상의 모습 등이 자세히 나타나 있는데, 고구려는 중국과는 다른 독자적인 천문계측을 하고 있었다. 불교 도래 전의 모습인 해신, 달신, 인동초 등이 독특하다.

5세기 수산리벽화의 귀부인상을 보면, 검은색 저고리의 깃, 소매끝, 도련에는 붉은 실로 자수를 곱게 놓았고 또 붉은 선을 둘렀으며, 적색, 홍색, 황색, 녹색 등 5가지 색으로 된 색동 주름치마를 입었다.

8-44_ 한복 입은 남자, 루벤스

8-45_ 수산리벽화의 귀부인상(5세기)

고구려 고분벽화에는 당시 고구려인의 생활 풍습, 신앙관 등이 잘 나타나 있다. 고구려인의 웅장함과 진취성은 말타기, 활쏘기, 손치기, 씨름, 사냥과 전투 등 힘과 역동성이 넘치는 것을 통해 알 수 있으며, 또 우아하고 낙천적인 모습은 온화하고 섬세한 비천도, 무악, 산책, 대화하는 서정적인 분위기 등에서 볼 수 있다.

안료는 광물성으로서 붉은색, 황색, 녹색, 검은색 등 6가지가 있었고, 그밖에 금박, 은박, 옥상감 등과 같은 화려한 장식수법도 적용하였다. 4~5세기 인물풍속도 무덤에는 주인공의 실내생활, 일월성수, 장식무늬, 가족, 측근, 시중드는 사람, 호위하는 사람 등 남녀 인물도를 비롯하여 성곽, 부엌, 방앗간, 차고, 마구간, 우물 등 각종 건축물을 그렸고, 5~6세기 무덤에는 인물풍속도에 사신도가 같이 나타나며, 6~7세기에는 사신도를 중심으로 하였으며 그외에 비천, 신선, 봉황, 기린, 구름, 인동무늬 등을 많이 그렸다.

쌍기둥총의 귀부부상을 보면 겉옷은 홍색, 흰색, 갈색의 굵기가 다른 색동의 긴 두루마기 포를 땅끝까지 끌리게 입었으며, 무릎의 곡선 부분이 매우 아름답다. 속에는 흰색, 검은색 선을 두른 저고리가 보인다. 가운데 아래의 넓고 흰 주름 부분은 허리띠의 일부분이 아래로 처진 것, 또는 주름잡은 앞치마 형태를 허리에 두른 것이다. 숄이나 반비를 덧입은 것처럼 어깨선에는 여러 층의 주름 잡은 형태가 보인다.

8-46_ 쌍기둥총의 앉아 있는 귀부부상 (5세기 말)

8-47_ 한복 주름치마의 현대화 작품, 인하대 유선주, 2006

일본 나라현의 다카마쓰총(7세기 말~8세기 초)에도 고구려 사신도를 비롯하여 천정 벽화에 별자리, 태양, 달 모양이 먼 산과 함께 상세하게 그려져 있어 고구려인의 우주관과 동일하게 나타난다. 또, 평화스럽고 위엄 있게 걷는 남녀 8인의 군상(인물상의 높이는 38cm 전후)이 그려져 있는데, 이들을 통해 고구려인의 모습을 추측할 수 있다. 고구려에서 오색금을 제직하였다는 기록이 있는데, 이로 미루어 보아 색동 주름치마는 한 장으로 제직되는 오색금으로 보인다. 귀부인은 고구려 수산리벽화의 귀부인과 동일한 색동 주름치마, 목 바로 위까지 여미는 긴 두루마기, 가느다란 허리끈을 착용하고 있다. 겉감과 안감을 다른 색으로 하였고 접어올린 소매 끝으로 안감의 색이 보인다. 그 안에 입은 저고리가 두루마기의 밖으로 살짝 보인다. 치마 밑에는 프릴을 달았다. 수산리벽화보다 200~300년 뒤의 벽화이므로 입체감과 원근기법이 추가되었는데, 두루마기는 팔꿈치 부분에 구김살이 매우 아름다운 것으로 보아 비단, 즉 주紬로 만든 것으로 추측된다.

8-48_ 주름치마를 입은 고구려 여인. 여러 겹 입어야 하고 상하의가 분리되는 형태의 북쪽 지방의 의상

고운 견직물, 주紬

주紬는 굵은 실로 짠 비단(평직)이다. 종류가 매우 다양한데, 한복감으로 적당한 태를 갖기 때문이다. 신라시대의 '조하방' 공방에서 생산하는 조하주는 어아주와 함께 교역품, 공물품이며 특산품이었다. 통일신라시대의 월정사 팔각구층석탑에서 발견된 67×40가닥/cm의 주는 대단히 섬세하다. 생 명주를 겹쳐 깨끼저고리를 지어 입으면 무늬가 있는 것보다 다소곳하고 고귀한 멋이 아름답다. 고려시대에는 면과 합하여 만든 면주가 공물품이었다. 반주는 경사에 면사, 위사에 견사 2회, 면사 2회를 삽입한 것이고, 춘주는 경사에 생사, 위사에 저마와 생사를 번갈아 삽입한 것, 쌍주는 경사에 생사, 위사에 연사 2회, 생사 2회를 삽입한 것이다. 노방주, 노방은 뻣뻣하여 상등품은 배색용으로 쓰거나 그림을 그리거나 수를 놓아 여름용으로 사용되었으며, 하등품은 안감으로 사용했다. 경위사에 각기 다른 색을 쓰면 양색이 나서 움직일 때마다 색이 달라 보인다. 이는 우리나라 옷감의 특성인데, 이와 유사한 타이실크(태국 견직물)는 견방사가 위사로 사용되어 더 거친 맛이 난다. 노방은 얇고 비치는 감이어서 겹으로 옷을 지으면 어른거리는 무늬가 아름다운데, 냉감을 주며 시원한 효과도 있다. 현재에는 자동직기로 제직된 명주와 작은 무늬가 들어 있는 문주가 맥을 잇고 있을 뿐이다.

8-49_ 고운 견직물, 주로 만든 원피스, 이영희, 2010

화려한 견직물, 금錦

평, 능직 바탕에 다양한 색사를 넣어 무늬를 짠 것으로, 가장 고도의 기술이 필요하다. '금은 제직하는데 공이 많이 들며 값이 금값과 같다.'고 하여 중국에서 금은 예로부터 후后 지위의 사람만이 입을 수 있었던 귀한 직물이었다. 경사가 여러 가닥인 중경重經, 경금은 중국 한대 유적 및 중앙아시아 고창국의 유적 아스타나 유적(5~8세기)에서 발견되는데, 적어도 3000년 전에 제직된 것이다. 위사가 여러 가닥인 중위, 위금은 이후 서아시아 및 페르시아에서 유래되었다 하여 파사금, 서西금, 또는 무늬가 크기 때문에 대금(6~9세기)이라고 부른다. 신라 천마총 유물은 적색, 자색의 2개 색사가 중경되어 평직으로 제직된 것이다.

아스카 문명은 6~7세기 백제의 도래인이 만든 고대 문명이다. 일본 서기에는 463년에 백제의 금의직인이 도일한 기록이 나온다. 일본에서 정착한 곳이 '안주꾸'였는데 이를 일본 발음으로 아스카라고 불렀다. 백제의 직인 安定那이 가라요 韓樣

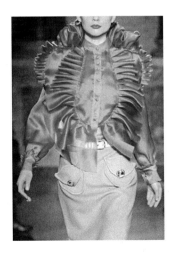

8-50_ 러플, 노방을 이용하여 여성성과 공작을 표현하는 새로운 입체감, Viktor & Rolf, 2009 A/W

8-51_ 신라 천마총 유물인 화려한 경금

금, 가라니시기韓錦를 제직하여 금부연錦部蓮의 조상이 된 사실도 기록하고 있다. 가라 요란 백제양식, 넓게는 우리나라 양식이란 뜻인데, 그 당시 금은 고구려, 백제의 특산품이었다. 6세기 고구려의 담징이 먹, 종이, 벽화 등을 일본인들에게 전해 주었다. 538년에는 백제와 고구려의 승려에 의해 일본에 불교가 전해졌다. 아스카 시대 견직물은 모두 불교와 깊은 관련이 있다. 554년에 백제에서 호금을 보낸 기록도 있다. 쇼토쿠 태자는 법륭사를 짓는 등 일본에 문명을 전파하는데 적극적이었는데, 법륭사는 불교 수학의 장이었다. 일본 동경 국립박물관에 소장되어 있는 법륭사 쇼토쿠 태자의 간도는 신라의 공방에서 만들어 전해 준 조하금으로, 경사를 어긋나게 배치하여 제작한 '비飛금'이다. 682년에는 통일신라에서 금, 하금을 보낸 기록이 있다.

/그림 8-54, 55/는 일본 나라시 동대사 청동 대불백제인이 제조함, 728년 개안開眼식에 사용된 악기 연주가의 옷과 버선으로 추정된다고 하지만, 상류층의 호사스런 덧옷인 반비와 '왕' 족만 착용하는 금으로 된 양말이다. 반비의 몸판은 문주와 문능 견직물 위로 흰 모시를 포개어 겹으로 만들었으며, 그 위에 다양한 새와 꽃을 섬세하게 그렸다. 견직물은 꽃무늬 문주로 되어 있고 모시는 매우 곱고 옷에는 깃 이외에 섶이 붙어 있는 것으로 보아 우리의 옷이고 우리의 옷감으로 보는

것이 옳겠다. 버선의 선명한 자주색은 왕족에게 허용된 색이었으며 풍부한 색채
감과 작은 부처가 속에 들어 있는 연꽃무늬는 종교적 의미를 장엄하게 나타낸다.
여러 색의 경사와 문양을 넣어 이중직으로 짠 것으로서 경사부출 형태인 '경금'
이다. 이후에 등장하는 '위금'은 무늬가 큰 것이 가능하고 색사를 더 많이 사용
할 수 있게 된다. 신일본고전문학대계에는 711년에 처음으로 도문사를 여러 제국
에 파견해서 금과 능의 제직법을 배워 오도록 하였다고 한다. 화려한 꽃무늬가 들
어 있는 버선의 '경금'은 장인 중에서도 최고 기술과 숙련이 없으면 제작이 불가
능한 작품이다. 따라서, 이 버선의 경금은 백제의 고수가 만든 매우 화려한 대작품
이라고 보아야 하는데, 이는 당연히 그들에게 동경의 대상이었으며 대대로 소중하
게 모셔야 하는 보물이었던 것이다.

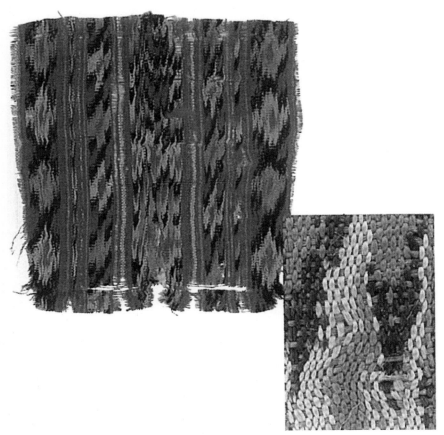

8-52_ 신라의 조하금, 4색의 색동 줄무
늬와 같이 배열된 검은색의 화려한 비금
은 우리나라의 영물 호랑이를 연상케 한
다. 쇼토쿠 태자(574~622)의 스승은 고구
려의 혜자 스님이다.

8-53_ 확장된 저고리와 겹침, 김현주, 2006

8-54_ 백제 상류층의 호사스런 옷인 반비, 문주 견직물과 매우 올이 곱고 흰 모시로 만들고 물감으로 새와 꽃을 곱게 채색하였다(길이 160cm×폭 218cm).

8-55_ 색동 무늬와 연화문이 있는 고구
려 백제의 호사스런 버선, 인도의 영향을
받은 무늬-곱슬머리의 사자 얼굴도 보인다.
사자는 불교와 부처를 상징하는 동물이
다(20×27cm, 정창원 보물).

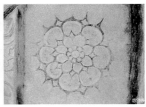

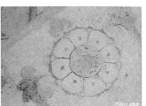

8-56_ 고구려 고분벽화의 다양한 연화문

비치는 견직물, 사紗

현재까지 종류가 가장 많이 남아 있는 것이 '사'인데, 이는 '가벼운 비단'이란 뜻이다. 경사가 2올, 3올, 4올씩 일조가 되어 일정하게 서로 꼬이며 만든 구멍에 위사가 삽입되어 조직된다. 2올이 익경된 것을 '사'라 하고 3, 4올이 익경된 것을 '라羅'라고 부른다. 가볍고 비치므로 여름철 의복감이나 관모 등에 사용되었다. '백갑사 핫봉지'라는 기록처럼 갑사에 얇게 솜을 두어 바지, 저고리, 마고자, 두루마기를 지어 겨울 끝에 호사스럽게 입은 경우도 흔했다. 옷의 도련을 따라 생명주 실로 곱게 시침을 떠서 옷에 둔 솜이 몰려 내려앉지 않도록 하는데, 옴폭 들어간 바늘땀의 자국은 포근한 느낌과 얌전한 아름다움이 있다. 진주구슬이 엮여 있는 모습의 대각선 무늬는 진주사이며, 순인은 사조직과 평조직이 바둑판처럼 조합된 직물이고, 갑사는 순인 바탕에 무늬가 들어 있는 것으로, 생고사는 숙고사보다 사조직 비율이 높아서 80% 이상이 되는 아주 투명한 것으로, 모시옷을 입은 것과 같은 시원한 감각이 나는 한여름용 견직물이다.

그물 같은 라羅

라는 '새 그물'과 같은 것이라고 하며, 삼국시대부터 라를 생산하였는데 평안남도 평양 근처에서 낙랑시대의 라가 발견되었는데, 이곳은 잠사의 적지이며 견사를 토산으로 생산하였다고 기록한 대로 높은 수준의 제직기술을 갖고 있었다. 고구려 벽화에는 백라관을 쓴 왕의 모습이 잘 묘사되어 있다. 통일신라시대의 복식 금제에는 라를 금지품목으로 하고 있을 정도로 라는 짜기 힘들고 사치스러운 것이었다. 중국 당나라 여인들도 화려하게 옷을 입고 라를 어깨에 둘러 사치의 극을 이루었다고 하는데, 라는 오늘날의 레이스lace 숄처럼 사용되었다. 하늘에서 날아다니는 비천도의 선녀들의 숄이나 날개는 모두 라로 추측된다. 통일신라시대의 불국사 석가탑에서 발견된 라는 국내 발견품 중에서 최고로 섬세하고 경이로움이 들 정도로 신비롭다.

고구려 고분벽화 중 안악3호분의 귀부인상은 왕족408년으로 추측되는데, 머리에는 큰 떠구지 가발을 얹고 화려한 무늬가 들어 있는 금으로 저고리, 바지, 두루마기를 만들어 입었는데, 흰색 속저고리가 겉으로 보이며, 두루마기 소매단은 밍크모피로 보인다. 또, 그 위에 화려한 금으로 긴 조끼 형태인 반비를 만들어 입었

8-57_ 갈색의 모란꽃 무늬 가벼운 비단, 사로 만든 조끼, 중국 남송시대

8-58_ 4올의 경사를 일일이 꼬아서 섬세하게 만드는 최고급 망사레이스인 라

는데 이 끝에도 밍크모피가 달려 있다.

화려한 치마를 걷어 올리고 꿇어 앉아 바지를 노출하였고, 어깨에는 붉은색의 투명하게 비치는 라를 걸쳤는데, 부인상의 눈매와 자태는 우아하고 당당하기 그지없다.

매우 화려한 휘장까지 모든 곳에 인동초의 곡선 장식 무늬가 들어 있는데, 이를 페이즐리 무늬의 원형인 것으로 본다. 시중 드는 세 여인은 각기 향로와 부채를 들고 있는데, 저고리를 여러 겹 입었으며 겉저고리가 짧아서 속저고리가 허리 부분부터 밖으로 나와 있다.

8-59_ 고구려 고분벽화 귀부인상, 화려한 무늬의 금으로 상하의를 하고, 여러 겹 겹쳐 입었으며 담비모피로 선을 두른 두루마기와 라로 만든 반비를 착용하였다.

8-60_ 채색과 자수기법을 곁들인 공단의 현대적 해석, 인하대 김현주, 2006

은은하고 조촐한 멋, 능綾

삼국시대부터 문헌에 나오는데 고구려의 천마총5-6세기 유품은 3매 능직이었다. 월정사 팔각구층석탑에서 발견된 유물은 4매 능직조직과 바스켓 조직이 조합된 것으로 매우 섬세한데, 이처럼 두 조직을 함께 사용하여 무늬를 낸 것을 '문릉'이라고 한다. 통일신라시대에는 복식금제에 능과 소문능을 5두품녀의 반비와 진골대의 버선에 허용하였다. 능직은 광택도 은은하고 조촐한 멋이 아름다운데, 차츰 능직의 문양 크기가 작아지고 바탕인 평직 부분이 커졌으며 조선시대로 오면서 사라져 표구용으로만 조금 남아 있을 뿐이다.

광택이 좋은 견직물, 단緞

수자직 견직물로서 가장 늦게 등장하여 조선시대에 와서 발달하였다. 단색의 곡선무늬가 있는 문단류가 가장 많은데, 평, 능직의 금, 능보다 광택이 좋고 매우 화려하다. 무늬가 없는 것은 공단으로, 여기에 자수나 문양프린트의 방법으로 변화를 주기도 한다. 다른 색을 위사로 사용한 것이 이색 문단이며, 북을 3개 이상 써서 각기 다른 색으로 위사를 쓴 것을 중위문단이라고 부른다. 이때 일부는 금실을 사용하여 평, 능직으로 짜면서 화려한 무늬를 낸 것을 금단, 직금단이라고 부른다. /그림 8-61/은 임진왜란 전후에 도요토미 히데요시가 일본으로 가져간 조선 선조 왕실의 치맛감으로서 윗부분은 모란 단색문단이고, 아랫부분은 용이 있는 다중위문단이다.

깔깔한 곡縠

중국 전국시대까지 기록이 남아 있어 역사가 비교적 긴 원단으로, 우연, 좌연의 강연사를 경위사로 하여 평직으로 제작한 것이다. 또, 경사에 우연, 좌연의 강연사를 사용하고 위사에 무연사를 사용한 것, 경사에 무연사, 위사에 우연, 좌연의 강연사를 사용한 것 등이 있다. 곡이란 사紗의 경우와 같이, 곡식 낱알처럼 까끌까끌한 표면 때문에 붙은 이름으로 추측된다. 고려 광종 960년에 '서인은 문채사곡文彩紗縠을 얻을 수 없다.'는 기록이 있는 것으로 보아 복식금제를 받았던 고가의 옷감이다. 화폐, 교역품으로 사용되었으며 조선시대 유물에도 곡에 해당되는 직물이 제법 많이 출토되고 있다. 현재 축면류로서는 뉴똥류가 조금 남아 있을 뿐이다.

8-61_ 조선 왕실의 무늬가 들어 있는 단

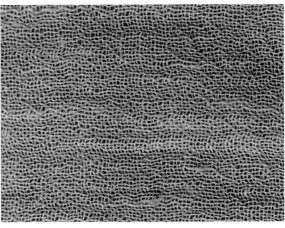

8-62_ 꼬임이 많은 강연사를 이용해서
모시 느낌이 나도록 한 곡과 이를 이용한
드레스, 이영희, 2010

269
CHAPTER 8 텍스타일 생산과 역사

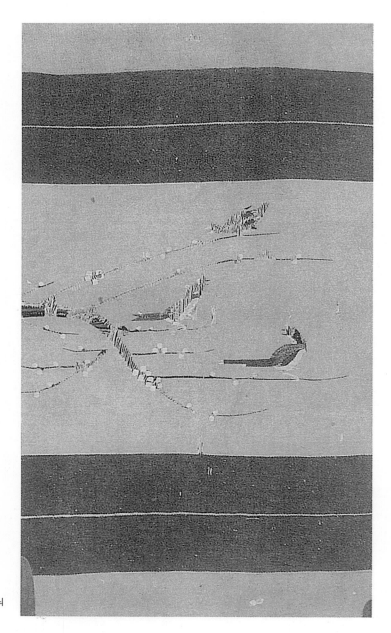

8-63_ 카펫으로 이용되었던 새, 꽃무늬
양모 전, 조선시대

축융포 전氈과 사치스런 계罽

중앙아시아를 거쳐 유래되어 일찍이 수모獸毛 축융포 전氈이 사용되었으며 무늬가 들어 있는 정교한 계罽, 두꺼운 갈褐 등이 사용되었다. 고조선 유물로 모 평직물이 있다. 신라에서 제조한 축융 카페트 화전花氈이 현재 일본 정창원에 보존되어 있다. 또, 일본 서기에는 599년에 백제에서 낙타와 양을 일본으로 보냈다는 기록이 있다. 부여에서는 사신들이 외국에 나갈 때 금이나 계를 입었다는 기록이 있는데, 이처럼 모직물 계罽는 견직물 금錦만큼이나 사치스런 옷감이었다. 금과 은의 선, 오색 선, 화, 조, 용, 어 등의 각종 무늬를 넣은 아름다운 계罽는 통일신라시대에 복식금지 품목이었다. 고려시대에 화조계금花鳥罽錦과 홍색 바탕의 금은 오색 선 용어 계 궁대紅地 金銀 五色線織 成龍魚 罽 弓袋를 후진에 보낸 기록이 있다. 이를 통해 송나라에 보낼 정도로 상당한 기술을 가지고 있었으며, 대단히 화려한 모직물 계가 생산되었음을 알 수 있다. 이후 고려 정종은 금은의 직금 형태인 계금을 동철능견銅鐵陵絹으로 대체시키라고 어명을 내렸다. 동국통감에 의하면 고종의 어의에 덧입는 방한용 오색 전五色 氈은 금은, 금수가 장식되어 사치스러움이 극에 이르렀다.

이처럼 아름다운 우리의 원단이 많이 있음을 알고 이를 자랑스럽게 여겨야 한다. 전통적인 제조법을 지키면서도 차별성 있고 현대적인 콘셉트로 응용, 발전시켜서 미래 글로벌 시장으로 뻗어나가야 하겠다.

본 챕터는 한국연구재단(2012S1A5A2A01019471)의 지원에 의해 수행되었습니다.

Stripe and Check

부 록

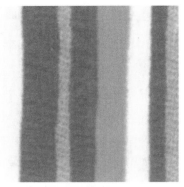

마드라스 스트라이프 Madras stripe

마린 스트라이프 Marin stripe

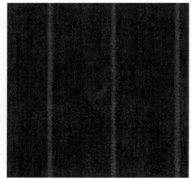

펜슬 스트라이프 Pencil stripe

그룹 스트라이프 Group stripe

초크 스트라이프 Chalk stripe

핀 스트라이프 Pin stripe

지브라 스트라이프 Zebra stripe

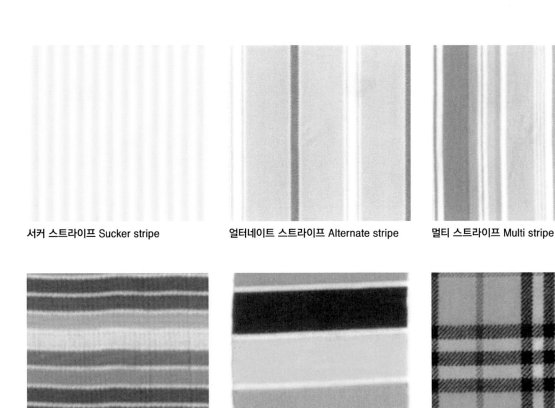

서커 스트라이프 Sucker stripe 　　 얼터네이트 스트라이프 Alternate stripe 　　 멀티 스트라이프 Multi stripe

레인보우 스트라이프 Rainbow stripe 　　 캔디 스트라이프 Candy stripe 　　 버버리 체크 Burberry check

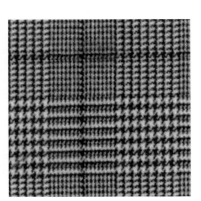

톤온톤 체크 Tone on tone check 　　 오버 체크 Over check 　　 오버 체크 Over check

블록 체크 Block check

윈도페인 체크 Windowpane check

투앤투 체크 Two and two check

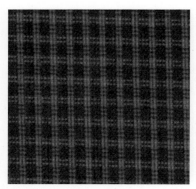
더블 체크 Double check

그래프 페이퍼 체크 Graph paper check

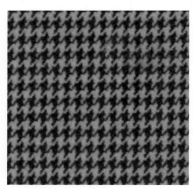
셰퍼드 체크 Shepherd's check

워치맨 플레이드 Watchman plaid

글렌 체크 Glen check

깅엄 체크 Gingham check

깅엄 체크 Gingham check

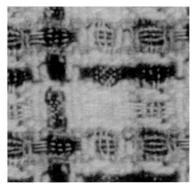

얀 체크 Yarn check

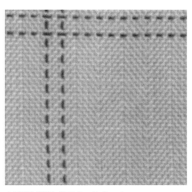

스티치 체크 Stitched check

타탄 체크 Tartan check

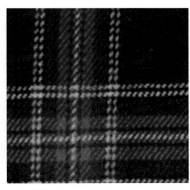

타탄 체크 Tartan check

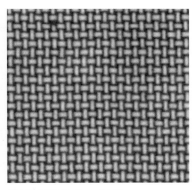

바스켓 체크 Basket check

핀 체크 Pin check

그라데이션 체크 / 옹브레 체크
Gradation check or Ombré check

그래듀에이티드 체크 Graduated check

섬유패션 관련 주요 박람회

박람회	개최지	분야	일시
BBB(Bread & Butter Berlin)	베를린	캐주얼 어패럴	연 2회(1, 7월)
BIJOUTEX	뮌헨	패션액세서리, 준보석류	연 2회(1, 7월)
BISUTEX	마드리드	패션액세서리	2월
Chinese Sourcing Fair	홍콩	액세서리, 속옷, 수영복, 아동복	연 2회(4, 10월)
Dallas Fabric Show	달라스	원단, 원사	1월
Denim by Premiere Vision	파리	데님, 영캐주얼	연 2회(5, 10월)
Expofil	파리	원단, 원사	2월
FILO	밀라노	원단, 원사	연 2회(3, 10월)
Heimtextil	프랑크푸르트	실내장식	1월
Hong Kong Fashion Week	홍콩	여성복, 남성복	연 2회(1, 7월)
Ideabiella	밀라노	남성복 원단	2월
Ideacomo	밀라노	여성복 원단	2월
IFF(International Fashion Fair)	도쿄	모피, 가죽	1월
Interstoff Asia Essential	홍콩	원단, 원사	연 2회(3, 10월)
Intertextile Shanghai Apparel Fabrics	상하이	원단, 원사, 액세서리	10월
ISPO	뮌헨	캐주얼웨어	2월
Le Cuir a Paris	파리	모피, 가죽, 원단, 원사	연 2회(2, 9월)
London Men's Wear Collection	런던	남성복	6월
London Women's Wear Collection	런던	여성복	연 2회(2, 9월)
Magic Show	라스베가스	여성복, 남성복, 캐주얼, 아동복	연 2회(2, 8월)
Maison & Object	파리	인테리어, 가구	연 2회(1, 9월)
Micam	밀라노	신발	연 2회(3, 9월)
Mifur	밀라노	모피, 가죽	3월
Milan Men's Wear Collection	밀라노	남성복	연 2회(1, 6월)
Milan Women's Wear Collection	밀라노	여성복	2월
Mipel	밀라노	가죽, 백, 장갑 등	연 2회(3, 9월)

박람회	개최지	분야	일시
Moda In	밀라노	원단, 부자재	2월
Moda Prima	밀라노	니트웨어	5월
NAFFEM	몬트리올	모피, 가죽 원단	5월
New York Women's Wear Collection	뉴욕	여성복	연 2회(2,9월)
New York Home Textiles Market Week	뉴욕	실내장식제품	2월
Paris Haute Couture Collection	파리	최고급 여성복	연 2회(1, 7월)
Paris Men's Wear Collection	파리	남성복	연 2회(1, 7월)
Paris Women's Wear Collection	파리	여성복	연 2회(3, 10월)
Pitti Imagine Bimbo	피렌체	아동복, 유아복	연 2회(1, 7월)
Pitti Imagine Filati	피렌체	니트 원단, 원사	1월
Pitti Imagine Uomo	피렌체	남성복	연 2회(1, 6월)
Pitti Imagine W	피렌체	여성복	1월
Premiere Classic	파리	액세서리	10월
Premiere Vision	파리	세계 최대 원단, 원사 박람회	연 2회(2, 9월)
Premiere Vision Preview New York	뉴욕	원단, 원사	1월
Premium International Fashion Trade Show	베를린	여성복, 남성복, 진, 액세서리	1월
Pret a Porter / Who's Next	파리	여성복, 남성복, 캐주얼, 액세서리, 신발	연 2회(1, 7월)
Preview in Seoul	서울	원단, 원사	9월
Project	뉴욕	캐주얼웨어	7월
Shanghai International Clothing & Textile	상하이	남성복, 여성복, 원단, 원사	3월
Seoul Fashion Week	서울	여성복, 남성복	연 2회(4, 10월)
Textile Forum	런던	원단, 원사	연 2회(3, 10월)
Texworld	파리	원단, 원사	연 2회(2, 9월)
Texworld USA	뉴욕	원단, 원사	연 2회(1, 7월)

자료출처 FASHION TEXTILES

1-1 Hastreiter, K., & Hershokovits, D. (eds.) (2004). 20 years of style the world according to paper. New York: Harper Design International, p.184

1-2 Worsley, H. (2012). 100 Ideas that changed fashion. London: Laurence King Publishers, p.147

1-3 좌: Takeda, S. S., & Spilker. K. D. (2008). Breaking the mode. Milano: Skira, p.97
　　우: Steele, V. (2003). Fashion, Italian style. New Haven: Yale University Press, p.25

1-4 Martin, R., & Koda, H. (1993). Infra-apparel. New York: The Metropolitan Museum of Art, p.99

1-5 www.firstviewkorea.com

1-6 www.isseymiyake.com

1-7 Miyake, I. et al. (2001). A-POC making: Issey Miyake and Dai Fujiwara. Weil am Rhein: Vitra Design Museum, n. p

1-8 좌: Major, J. S. (ed.) (2003). Yeohlee: Work. Victoria: The Images Publishing Group, p.189
　　우: Major, J. S. (ed.) (2003). Yeohlee: Work. Victoria: The Images Publishing Group, p.217

1-10 Textile View, Issue 88, p.182

2장 도비라 Textile View, Issue 90, p.219

2-2 박은주(1996). 색채조형의 기초. 서울: 미진사. p.187

2-3 가재창. 패션디자인발상트레닝 2. 서울: 정은도서. p.75

2-4 가재창. 컬러트레닝 2. 서울: 정은도서. p.114

2-5 가재창. 컬러트레닝 1. 서울: 정은도서. p.68

2-6 가재창. 컬러트레닝 1. 서울: 정은도서. p.53

2-7 가재창. 컬러트레닝 1. 서울: 정은도서. p.85

2-8 www.samsungdesign.net

2-10 www.nike.com

2-13 Textile View, Issue 66, p.120

2-14 www.samsungdesign.net

2-16 www.doneger.com

2-17 www.samsungdesign.net

2-18 www.chanel.com

2-19 www.samsungdesign.net

2-20 www.samsungdesign.net

2-21 Textile View, Issue 88, p.79

2-22 www.showstudio.com

2-23 www.thesartorialist.blogspot.com
   www.bryanboy.com

2-24 www.samsungdesign.net

2-25 Textile Report, Winter 2009/10, p.37

2-26 Time, Spring 2007, Supplement to Time, p.33

2-27 Textile View, Issue 67, p.121, 125

3-4 Textile View, Issue 82, p.93

3-6 Ince, C., & Nii, R. (eds.) (2010). Future beauty: 30 Years of Japanese fashion. London · New York: Merrell, p.206

3-7 Maison Martin Margiela et al. (2009). Maison Martin Margiela. New York: Rizzoli, p.74

3-9 Mears, P. (2009). American beauty: Aesthetics and innovation in fashion. New Haven: Yale University Press, p.87

3-10 Hallett, C., & Johnston, A. (2010). Fabric for fashion: A comprehensive guide. London: Laurence King Publishers, p.164

3-11 Textile View, Issue 84, p.81

3-12 The Metropolitan Museum of Art. (2011). Alexander McQueen: Savage beauty. New York: The Metropolitan Museum of Art, p.107

3-13 Textile View, Issue 82, p.93

3-16 Textile View, Issue 88, p.62

3-17 Textile View, Issue 88, p.59

3-20 Koda, H. (2003). Goddess: The classical mode. New York: Metropolitan Museum of Art, p.79

3-21 Koda, H. (2010). 100 dresses: The Costume Institute / The Metropolitan Museum of Art. New Haven: Yale University Press, p.124

3-25 Martin, R. (1988). Fashion and surrealism. London: Thames and Hudson, p.179

3-26 Cristobal Balenciaga Museoa. (2011). Balenciaga. Donostia–San Sebastián: Nerea, p.45

4-2 Textile View vol. 88 2009 winter p.121, 2010 summer p.126
   Textile View vol. 97 2012 summer p.126, 136
   Textile View vol. 83 2008 Fall p.240
   Textile View vol. 91 2010 Fall/Winter p.222
   Textile View 2 vol. 08 2010 p.120

4-3 oecotextiles.wordpress.com/tag/natural-fibers

4-4 Textile View vol. 97 p.216
   www.agricorner.com/prices-firm-volume-increases-on-cotton-market

4-5 InStyle, Korea March, 2012 p.55

4-6 Costume Exhibition, The 17th International Costume Association Congress, p.144

4-7 www.richters.com/show.cgi?page=InfoSheets/d2701.html

4-8 www.hansanmosi.or.kr

4-9 www.etsy.com/listing/79434126/reserved-for-bewernick-vintage-60s-70s

4-10 savageknitting.wordpress.com

thehautecollection.com/tag/hm

4-11 Textile View vol. 91 2010 Fall/Winter p.222

blog.yarn.com/?p=tfwrcudj&paged=5

4-12 Textile View vol. 96 p.247

4-13 www.backyardherds.com/forum/viewtopic.php?pid=255224

4-14 Jacques Anquetil (1995). Silk. New York : Flammarrion p.148

4-15 Jacques Anquetil (1995). Silk. New York : Flammarrion, p.9, 190

4-16 Textile View vol. 88 2009 winter p.107

www.andersonleather.com/braided_leather_appliques.htmlwww.flickr.com/photos/calsidyrose/4855024873

4-17 Anne-Laure Quilleriet(2004). The leather Book, New York : Assouline Pub., p.374

4-18 Fashion News Vol. 172, May 2012 p.65

Textile View vol. 88 2010 summer p.126, 127

4-19 Rio Italy07/08 FW collection

4-20 Costume Exhibition, The 17th International Costume Association Congress, p.100

4-21 www.jayswaminarayan101.net/product/fuzzy-toe-socks-gloves-set-winter-gift-set-green

www.redheart.com/yarn/chunky

4-22 i14.farfetch.com/10/09/50/48/prada-nylon-jacket-10095048_510832_1000.jpg

Textile View vol. 87 2009 p.91

Textile View vol. 84 p.178

Textile View vol. 89 p.160

4-23 fashionbombdaily.com/tag/kanye-west/page/4

www.moveld.com

4-24 www.rst-moto.com/rst-moto-textile-jacket

4-25 womensmediacenter.com/blog/2011/11/exclusive-in-fencers-hijab%E2%80%94struggle-and-inspiration

4-26 simakc.blogspot.kr

VOGUE Girl N0. 126, August 2012

4-27 www.ilshin.co.kr/_prozn/_system/bbs/view.php?bid=tb_bbs15&pageid=139&bsort=0&ki=&no=8

4-28 www.ktlo.com/fridaypost.php?day=1340341200

hotheadzproducts.com/cleanease_microfiber_cleaning_gloves

4-29 The Magazine of Textiles Fiber Art, vol 26 2000, Sterling publishing, NY.

4-30 Textile View vol. 95 2011 Winter Mens & Womenswear

4-31 Textile View vol. 87 2009 Summer Womenswear

4-32 Textile View vol. 88 2009 Knit &yarns

4-33 Gail Baugh, Fashion Designer's Textile directory, 2010, Barron's London

4-34 Textile View vol. 89 2010 Summer Womenswear

4-35 Textile View vol. 93 2011 Winter Mens & Womenswear

4-36 www.filltex.com

4-37 Textile View vol. 87 2009 Summer Womenswear

4-38 Textile View vol. 95 2011 winter 09/10, 201

4-39 Textile View vol. 87 2009 Summer Womenswear

4-40 Textile View vol. 96 2011 winter 09/10, 213

4-41 Textile View vol. 94 2011, Summer, color & forcast 152

5장 도비라 Textile View

5-2 Fashion Art from Korea, 2006, p.19

5-3 Textile View issue 96, p.55

5-5 Textile View issue 81, p.278, issue 8, p.107

5-6 Textile View issue 96, p.60

5-7 kr.burberry.com

5-8 Textile View issue 91, p.58

5-9 www.style.com
    2012 S/S Ready to Wear Miu Miu

5-10 Textile View issue 81, p.73

5-11 Textile View issue 85, p.17

5-12~13 Textile View issue 86, p.86

5-16 Yves Saint Laurent

5-17 www.style.com
    2011 F/W Ready to Wear, Yoji Yamamoto

5-18 Textile View

5-20 www.youtube.com/watch?v=7gHokb3lh_A

5-21 www.style.com
    2011 F/W Men's Collection, Z Zegna

5-23 Textile view issue 96, pp.252~253

5-24 www.fabricanltd.com

5-27 Textile View Issue 96, p.65

5-28 sallylacock.com

6장 도비라 Textile View, Issue 82, p.162

6-1 Chonnam National University Textile Lab.

6-2 Koekboya, p.90

6-5 www.metmuseum.org
    Textile View, Issue 67, p.77

6-6 Textile View, Issue 87, p.277

6-7 Textile View, Issue 84, p.105

6-8 Marie Claire 2011 Spring·Summer Collection Book, p.19

6-9 www.samsungdesign.net

Textile View, Issue 98, p.60

6-10 Textile View, Issue 84, p.128

6-11 Fashion news, Vol. 153, p.143

Marie Claire 2011 Spring·Summer Collection Book, p.134

6-12 Textile View, Issue 88, pp.168~169

6-13 Textile View, Issue 98, p.63

Marie Claire 2011 Spring·Summer Collection Book, p.133

6-14 Textile View, Issue 98, p.55

Fashion News 172, p.64, 65

Textile View, Issue 98, p.55

6-15 Textile View, Issue 96, p.66

6-16 Textile View, Issue 96, p.115

Textile View, Issue 92, p.204

Textile View, Issue 92, p.205

6-17 Textile View, Issue 88, pp.160~161

6-18 Textile View, Issue 92, p.62

6-19 www.samsungdesign.net

Textile View, Issue 82, p.90

6-20 Textile View, Issue 86, p.136

Textile View, Issue 84, p.81

6-21 Textile View, Issue 84, p.70

Textile View, Issue 84, p.84

6-22 Textile View, Issue 84, p.128

Textile View, Issue 87, p.88

6-23 Textile View, Issue 82, p.126

Textile View, Issue 79, p.73

www.samsungdesign.net

6-24 www.thufri.com

6-25 chandonstyles.wordpress.com

6-26 Textile View, Issue 86, p.123

6-27 www.novoceram.fr

dressmaker.wordpress.com

6-28 fashion.1stdibs.com

6-29 Textile View, Issue 86, p.126

Textile View, Issue 87, p.108

6-30 The Embroidery Stitch Bible, p.86

6-31 The Embroidery Stitch Bible, p.41

6-32 Textile View, Issue 98, p.75

6-33 stitchschool.blogspot.com

6-34 Textile View, Issue 92, p.81

6-35 The Embroidery Stitch Bible, p.58

shop.storeofdress.net

6-36 Mode et Mode, No.358, p.70

6-37 Textile View, Issue 92, p.59

Textile View, Issue 92, p.59

6-38 Textile View, Issue 92, p. 58

6-39 Textile View, Issue 100, p.57

6-40 100 Shoes, p.12

6-41 needled.wordpress.com

6-42 www.lynxlace.com

6-43 www.internetspotlight.com

www.embroiderersguild.com

6-44 www.flickr.com

www.indusladies.com

6-45 Textile View, Issue 96, p.32

6-46 Textile View, Issue 57, p.76

6-47 Textile View, Issue 88, p.117

6-48 Textile View, Issue 88, p.79

6-49 Fashion News, Vol. 172, p.122, 135

6-50 labouroflove2011.wordpress.com

6-51 Textile View, Issue 88, p.108

6-52 Textile View, Issue 91, p.62

Fashion News, Vol. 172, p.35

6-53 Textile View, Issue 96, p.86, 87

6-54 Textile View, Issue 81, p.69

Textile View, Issue 83, p.73

6-55 Aeroports de Paris, No.55, p.46, 47

6-56 Textile View, Issue 81, p.69

6-57 Textile View, Issue 90, p.163

Textile View, Issue 87, p.60

6-58 www.metmuseum.org

6-59 Textile View, Issue 96, p.96

6-60 Textile View, Issue 92, p.277

6-61 2009 Spring·Summer Collection Book, p.15

Textile View, Issue 92, p.281

Textile View, Issue 91, p.59

6-62 Textile View, Issue 93 , p.150

Textile View, Issue 85 , p.143

6-63 Textile View, Issue 96, p.23

6-64 Textile View, Issue 84, p.83

6-65 Textile View, Issue 84, p.83

Fashion News, Vol. 172, p.40, 41

6-66 www.metmuseum.org

6-67 Textile View, Issue 98, p.64

Textile View, Issue 98, p.62

6-68 Textile View, Issue 97, p.256

6-69 Textile View, Issue 84, p.107

6-70 Textile View, Issue 85, p.69

6-71 Textile View, Issue 92, p.143

Textile View, Issue 86, p.99

6-72 Textile View, Issue 96, p.85

6-73~75 2011 Int'l Symposium and Exbition of Natural Dye, La Rochelle

6-76 Textile View, Issue 57, p.80

6-77 Textile View, Issue 91, p.258

6-78 Shibori Patterning Technique with Indigo, Sozansa, p.11

7장 도비라 프라다, Prada, Milano, Dal 1913, Prada Co. 2009

7-1 Oliver Dupont(2011). The New Artisans, London: Thames & Hudson

7-2 www.youtube.com/watch?v=VTBmvCJt__w&feature=g-vrec

7-3 www.metalcladfibers.com/metal-clad-fibers

www.slashgear.com/smart-shirt-keeps-tabs-on-athletes-in-real-time-0981099

www.worldchanging.com/archives/009621.html

7-4 www.research.philips.com

www.worldchanging.com/archives/009621.html

www.odditycentral.com/videos/the-video-coat-a-wearable-led-tv.html

7-5 www.treehugger.com/sustainable-fashion/from-a-vat-of-green-tea-grows-gross-but-cool-green-fashion-called-biocouture-
photos.html

7-6 www.research.philips.com

7-7 bipmistry.wordpress.com/2008/07/05/slow-furl-for-lighthouse

7-8 navercast.naver.com/contents.nhn?contents_id=13201

7-9 roripia.blog.me/50143630589

7-10 tsandawesome.com/2010/01/10/clothing-awesomeness-velco

shamrocknroller.blogspot.com/2010/11/beware-of-velcro.html

7-11 www.goggleblog.com/features/1084/speedo-finds-new-use-for-lzr-racer-suit-at-ecobuild.html

7-12 www.signerandebbesen.dk/?attachment_id=763

www.stylecollective.com.au/urbanstyle.asp?idcontent=1154

7-13 Sabine Seymour (2009). Fashionable Technology, NewYork: Springer Wen, 86, 95

7-14 www.millet.co.kr/_product/product_line.asp

7-15 Textile View vol. 87 2009 Summer Womenswear

7-16 한국의류산업학회 추계발표 논문집

7-17 Kimberly Guthrie(2011). 'Eco design = Insightful design'

7-18 Textile View, vol 97 winter 11/12, 215

7-19~20 tinnews.co.kr

7-21 Kimberly Guthrie(2011). 'Eco design = Insightful design'

7-22 이지현, 김수현 역(2011). 지속가능성 패션 & 텍스타일, 케이트 플레쳐 저, 서울: 교문사

7-23 tinnews.co.kr

7-24 이지현, 김수현 역(2011). 지속가능성 패션 & 텍스타일, 케이트 플레쳐 저, 서울: 교문사

7-25 Kimberly Guthrie(2011). 'Eco design = Insightful design'

7-26 kayjune.koreasme.com/kr

7-27 Prada(2009). Milano, Dal 1913, Prada Co. 129

7-28 Prada(2009). Milano, Dal 1913, Prada Co. 66

7-29 Sass Brown (2010). Eco Fashion, london: Laurence King publishing

7-30 Textile View vol. 97 2012 Summer Womenswear, 259

7-31 인하대학교 의류학과 졸업작품집 2006

7-32 Oliver Dupont(2011). The New Artisans, London: Thames & Hudson

7-33 Textile View vol. 89 2010 Summer Womenswear

7-34 Oliver Dupont(2011). The New Artisans, London: Thames & Hudson

7-35 Sass Brown (2010). Eco Fashion, London: Laurence King publishing

7-37 The Magazine of Textiles Fiber Art, vol 22 1998,New York: Sterling publishing

8-1~3 Textile View vol. 87 2009

8-4 www.doori-nyc.com

8-5 Textile View, vol. 98

8-6 www.davincimuseum.co.kr

8-7 대구섬유산업연합회(2004). 혼성의 정원, 대구 텍스타일 아트 도큐먼트, 대구광역시, 문광부

8-8 Textile View vol. 87 2009

8-9 www.clo.co.kr, 3D CAD Harriette Kim, 2011

8-10 www.clo.co.kr, 3D CAD manual book

8-11 Gail Baugh(2010). Fashion Designer's Textile directory, London: Barron's

8-12 Textile View vol. 87 2009 Summer Womenswear

8-13 대한민국 텍스타일 경진대회 수상작품집, 2007

8-14 Textile View vol. 89 2010

8-15 Textile View vol. 84 2009

8-16~17 Cathy Newman(2001). Fashion , Washington DC: National Geographic Society

8-19 주간조일백과(2001). 일본의 보물, 나라, 고분벽화04/20

8-20 Marypaul Yates (1996). Textiles, a Handbook for Designers, Revised Edition, NewYork: W.W. Norton &Company

8-21 Tanko, Special Issue 1995 November No. 16. 화려한 수직기술의 세계, 염힐별판, 애장판, 53.

8-22 Cathy Newman(2001). Fashion , Washington DC: National Geographic Society

8-23~25 Susan Meller and Joost Elffers(1991). Textile Designs, New York: Harry Abrams Inc.

8-26 주간조일백과(2001). 일본의 보물, 나라, 고분벽화04/20

8-27 Gail Baugh(2010). Fashion Designer's Textile directory, London: Barron's

8-28 Susan Meller and Joost Elffers(1991). Textile Designs, New York: Harry Abrams Inc.

8-29 Marypaul Yates (1996). Textiles, a Handbook for Designers, Revised Edition, NewYork: W.W. Norton &Company

8-30 Susan Meller and Joost Elffers, Textile Designs, Harry Abrams Inc. 1991, NY

8-31 Marypaul Yates (1996). Textiles, a Handbook for Designers, Revised Edition, NewYork: W.W. Norton &Company

8-32 Susan Meller and Joost Elffers, Textile Designs, Harry Abrams Inc. 1991, NY

8-33 Textile View vol. 89 2010 Summer Womenswear

8-34~37 New Textiles, Chloe Colchester, Trends+Traditions, Thames & Hudson, 1991, London

8-39 www.okfashion.co.kr/index.cgi?action=detail&number=8423&thread=81r09

8-40 주영헌(1986). 고구려고분벽화, 북한고고학술총서8, 일본 동경: 조선화보사

8-41~42 www.leeyounghee.co.kr

8-43 Textile View vol. 89 2010 Summer Womenswear

8-44 news.mk.co.kr/newsRead.php?year=2011&no=620335

8-45 주영헌(1986). 고구려고분벽화, 북한고고학술총서8, 일본 동경: 조선화보사

8-46 주영헌, 고구려고분벽화, 북한고고학술총서8, 조선화보사, 1986

8-47 인하대학교 의류학과 졸업작품집 2006

8-48 황실의 명보, 주간조일백과, 정창원 염직05/16 1999

8-49 www.leeyounghee.co.kr

8-50 Gail Baugh(2010). Fashion Designer's Textile directory, London: Barron's

8-51 민길자(1998). 우리옷, 빛깔있는 책들, 서울: 대원사

8-52 Tanko, Special Issue 1995 November No. 16. 화려한 수직기술의 세계, 염힐별판, 애장판, 71

8-53 인하대학교 의류학과 졸업작품집 2006

8-54 Tanko, Special Issue 1995 November No. 16. 화려한 수직기술의 세계, 염힐별판, 애장판, 77

8-55 Tanko, Special Issue 1995 November No. 16. 화려한 수직기술의 세계, 염힐별판, 애장판, 77

8-56 blog.naver.com/correctasia?Redirect=Log&logNo=50141905267

8-57 김연옥 (1998). 중국의 역대직물, 민길자 감수, 서울: 한림원

8-58 민길자(1998). 우리옷, 빛깔있는 책들, 서울: 대원사

8-59 주영헌(1986). 고구려고분벽화, 북한고고학술총서8, 일본 동경: 조선화보사

8-60 인하대학교 의류학과 졸업작품집 2006

8-61 민길자(1998). 우리옷, 빛깔있는 책들, 서울: 대원사

8-62 www.leeyounghee.co.kr

8-63 민길자(1998). 우리옷, 빛깔있는 책들, 서울: 대원사

참고문헌

FASHION
TEXTILES

1장

Brannon, E. L. (2011). Designer's guide to fashion apparel. New York: Fairchild Books.

Colin, G., & Kaur, J. (2004). Fashion and textiles: An overview, Oxford·New York: Berg.

Ellinwood, J. G. (2011). Fashion by design. New York: Fairchild Books.

Major, J. S. (ed.) (2003). Yeohlee: Work. Victoria: The Images Publishing Group.

Martin, R., & Koda, H. (1993). Infra-apparel. New York: The Metropolitan Museum of Art.

Miyake, I. et al. (2001). A-POC making: Issey Miyake and Dai Fujiwara. Weil am Rhein: Vitra Design Museum.

Steele, V. (2003). Fashion, Italian style. New Haven: Yale University Press.

Stone, E. (2012). In fashion. New York: Fairchild Books.

Takeda, S. S., & Spilker. K. D. (2008). Breaking the mode. Milano: Skira.

2장

가재창. 패션디자인발상트레닝 2. 서울: 정은도서

가재창. 컬러트레닝 1. 서울: 정은도서

김은애, 김혜경, 나영주, 신윤숙, 오경화, 유혜경, 전양진, 홍경희(2001). 패션소재기획과 정보. 서울: 교문사

박은주(1996). 색채조형의 기초. 서울: 미진사

정동림, 권형신(2005). 색채표현과 패션. 서울: 교학연구사

안광호, 황선진, 정찬진(1997). 패션마케팅. 서울: 수학사

김영인 문영애 이영숙, 이윤주(2003). 패션디자인을 위한 시각표현과 색채구성. 서울: 교문사

Baugh, G. (2011). The Fashion Designer's Textile Directory. New York: Barron's Educational Series, Inc.

Diane, T. & Cassidy, T. (2005) Colour forecasting, Oxford ; Ames, Iowa : Blackwell Pub.

Kopacz, J. (2004) Color in three-dimensional design, New York ; London : McGraw-Hill.

Fraser, T. & Banks, A. (2004) Designer's Color Manual: The Complete Guide to Color Theory and Application, San Francisco : Chronicle Books.

Berry, S. & Martin, J. (1991) Designing with color : how the language of color works and how to manipulate it in your graphic designs Cincinnati, Ohio : North Light Books.

Hallett, C. & Johnston, A. (2010). Fabric for Fashion. London: Laurence King Publishing.

Textile Report, Winter 2009/10.

Textile View, Issue 66, Issue 67, Issue 88, Issue 90, Issue 97.

Time, Spring 2007, Supplement to Time.

Udale, J. (2008). Basics Fashion Design: Textiles and Fashion. UK: AVA Publishing SA.

Wolff, C. (1996). The Art of Manipulating Fabric. Wisconsin: Krause Publications.

www.samsungdesign.net

www.nike.com

www.doneger.com

www.chanel.com

www.fashionnetkorea.com

www.showstudio.com

www.thesartorialist.blogspot.com

www.bryanboy.com

3장

Cristobal Balenciaga Museoa. (2011). Balenciaga. Donostia–San Sebastian: Nerea.

Faerm, S. (2010). Fashion design course. Hauppauge: Barron's.

Ince, C., & Nii, R. (eds.) (2010). Future beauty: 30 Years of Japanese fashion. London·New York: Merrell.

Kirke, B. (2012). Madeleine Vionnet. San Francisco·London: Chronicle.

Koda, H. (2003). Goddess: The classical mode. New York: Metropolitan Museum of Art.

Maison Martin Margiela et al. (2009). Maison Martin Margiela. New York: Rizzoli.

Sorger, R., & Udale, J. (2006). The fundamentals of fashion design. London: AVA Publshing.

Udale, J. (2008). Basics fashion design: Textiles and fashion. London: AVA Publishing.

4장

고재운 외(2005). Fiber 공학: 원자에서 감성까지 21세기 섬유. 서울: 한림원

권영아, 여은아(2004). 섬유 신소재를 활용한 제품기획. 서울: 신광출판사

김성련(2000). 피복재료학, 서울: 교문사

김정규, 박정희(2001). 패션소재기획, 서울: 교문사

김원주(2006). 피혁과 환경. 서울: 어드북스

김영호 외(2012). 기능성 섬유가공. 서울: 교문사

류동일 외(1999). 산업섬유신소재. 전주: 전남대학교 출판부

오경화 외(2011). 패션이미지업. 서울: 교문사

안영무(200). 디지털시대의 의류 신소재. 서울: 학문사

송경헌 외(2009). 의류재료학. 서울: 형설출판사

Allen C. Cohen and Ingrid Johnson(2010). Fabric Science, 9th ed. NY: Fairchild Books.

Anne-Laure Quilleriet(2004) The Leather Book. New York:Assouline Pub.

blog.yarn.com/?p=tfwrcudj&paged=5

Bunka fashion college(1998). 복식연관전문강좌 1, 어패럴소재론, 동경

Clive Hallett and Amanda Johnston(2010). Fabric for Fashion. London: Laurence King Pub. Ltd.

Fashion News Vol. 172, May 2012

fashionbombdaily.com/tag/kanye-west/page/4

Gail Baugh (2011). The Fashion Designer's Textile Directory. New York : Barron's Educational Series, Inc.

heycrazy.wordpress.com/2012/04/28/still-in-love-with-grey

i14.farfetch.com/10/09/50/48/prada-nylon-jacket

InStyle, Korea March, 2012 p.55

International Textiles, 2007, vol. 859 April/May

Jan Yeager(1988). Textiles for Residential and Commercial Interiors. New York: Harper &Row Pub. Inc.

Jaques Anquwtil((1995). Silk. Paris: Flammarion.

Jenny Udale(2008). Textiles and Fashion. London: AVA Pub.

Kax Wilson(1979), A History of Textiles, London:Westview Press,

oecotextiles.wordpress.com/tag/natural-fibers

Phyllis G. Tortora and Billie J. Collier(1997). Understanding Textiles 5th ed. Upper Saddle River:Printice Hall, Inc.

Sarah E. Braddock and Marie O' Magony(1998). Techno Textiles. New York: Thames and Hudson Inc.

savageknitting.wordpress.com

Sportswear International(2008). The Sports Bible. New York:Magma Brand Design.

SPORTSWEAR Rio Italy07/08 FW collection

store.ludustours.com/fencing-fan-2.html

Textile View 2, Issue 08.

Textile View, Issue 83. 84, 87, 88, 89, 91, 93, 94, 95, 96, 97

thehautecollection.com/tag/hm

The Korean Society of Costume(1998), Costume Exhibition, The 17th International Costume Association Congress,

The Magazine of Textiles Fiber Art, vol 26 2000, Sterling publishing, NY.

VOGUE Girl N0. 126, August 2012

www.agricorner.com/prices-firm-volume-increases-on-cotton-market

www.andersonleather.com/braided_leather_appliques.html

www.backyardherds.com/forum/viewtopic.php?pid=255224

www.etsy.com/listing/79434126/reserved-for

www.filltex.com

www.flickr.com/photos/calsidyrose/4855024873

www.jayswaminarayan101.net/product/fuzzy-toe-socks-gloves-set-winter-gift-set-green

www.ktlo.com/fridaypost.php?day=1340341200

www.moveld.com

www.redheart.com/yarn/chunky

www.richters.com/show.cgi?page=InfoSheets/d2701.html

www.rst-moto.com/rst-moto-textile-jacket

Yuhiro Washino(1993), Functional Fibers, Tokyo: Toray Research Center, Inc.,

5장

김성련 외(1989). 의류소재 I, II, 한국의류학회

김성련(2000). 피복재료학, 서울: 교문사

김은애 외(2007). 특수 소재와 봉제, 서울: 교문사

김정규, 박정희(2001). 패션소재기획, 서울: 교문사

吉川和志(1995).新しい纖維の知識, 鎌倉書房

成瀬信子. 服地素材マニュアル, ストアーズ社

田中(1956). 洋服地の事典, 関西衣生活研究会

Fashion Business Society Committee for Textile Terminology Research Bunka Women's University(1999). Terms for Knit Fabric 109 Selected Terms, SHOBIDO. CO., LTD.

Joseph J. Pizzuto, Arthur Price, Allen C. Cohen(1989). Fabric Science Swatch kit, Fairchild Publication

Phyllis G. Tortora, Robert S. Merkel(1996). Fairchild's Dictionary of Textiles, Capital Cities Media, Inc.

sallylacock.com

STYLE.COM

Textile View 8, 81, 86, 91, 96

6장

Textile View, Issues 57, 67, 79, 81~88, 90~93, 96~97, 99~100

Fashion News, Vol.172

L'Officiel Paris, Automne-Hiver 2008/2009

Aeroports de Paris, No.55

Madame Airfrance (2011). No.141

Mode et Mode, No.358

Harper's Bazzar Korea (2011). Marie Clarie 2011 Spring·Summer Collection Book.

Harper's Bazzar Korea (2009). Marie Clarie 2009 Spring·Summer Collection Book.

Shinsegae Style (2012), Vol. 42

Ambrose, G. & Harries, P. (2007). The Visual Dictionary of Fashion Design. Singapore: AVA publishing SA.

Baugh, G. (2011). The Fashion Designer's Textile Directory. New York: Barron's Educational Series, Inc.

Boöhmer, H. (2002). Koekboya: Natural Dyes and Textiles. Germany: Weppert, Schweinfurt.

Cardon, D. (2007). Natural Dyes. London: Archetype Publications Ltd.

Chen, L-H. (2005). SHBORI- Patterning Technique with Indigo. Taiwan: Sozansa.

Hallett, C. & Amanda Johnston, A. (2010). Fabric for Fashion. London: Laurence King Publishing

Koda, H. (2010). 100 Dresses: The Costume Institute. The Metropolitan Musium of Art. New Haven: Yale University Press.

Parker, S. (2011). 100 Shoes: The Costume Institute. The Metropolitan Musium of Art. New Haven: Yale University Press.

Udale, J. (2008). Textiles and Fashion. Singapore: AVA publishing SA.

Wolff, C. (1996). The Art of Manipulating Fabrics. Iola: Klaus Publications.

7장

고재운 외(2005). Fiber 공학: 원자에서 감성까지 21세기 섬유. 서울: 한림원

김영호 외(2012). 기능성 섬유가공. 서울: 교문사

오경화 외(2011). 패션이미지업. 서울: 교문사

이지현, 김수현 역(2011). 지속가능성 패션 & 텍스타일, 케이트 플레쳐 저, 서울: 교문사

Kimberly Guthrie(2011). 'Eco design = Insightful design' , 한국의류산업학회 추계발표 논문집

Bradley Quinn(2010). Textile Futures. New York:Berg.

Colin Gail &Jasbir Kaur(2004). Fashion &Textiles, an overview, Oxford &NY:Berg

Oliver Dupont(2011). The New Artisans, London: Thames &Hudson

Sabine Seymour(2009). Fashionable Technology, NewYork:Springer Wen

Sportswear International(2008). The Sports Bible. New York:Magma Brand

Yuhiro Washino(1993), Functional Fibers, Tokyo: Toray Research Center, Inc.

Prada (2009). Prada Milano, Dal 1913, Prada Co. 2009, 66, 129,

www.metalcladfibers.com/metal-clad-fibers

www.slashgear.com/smart-shirt-keeps-tabs-on-athletes-in-

www.worldchanging.com/archives/009621.html

www.research.philips.com

newsevents.arts.ac.uk/18893/radicalfashion/denim_front

bipmistry.wordpress.com/2008/07/05/slow-furl-for-lighthouse

tsandawesome.com/2010/01/10/clothing-awesomeness-velco

shamrocknroller.blogspot.com/2010/11/beware-of-velcro.html

www.goggleblog.com/features/1084/speedo-finds-new-use-for-lzr-racer-suit-at-ecobuild.html

www.signerandebbesen.dk/?attachment_id=763

www.stylecollective.com.au/urbanstyle.asp?idcontent=1154

www.odditycentral.com/videos/the-video-coat-a-wearable-led-tv.html

but-cool-green-fashion-called-biocouture-photos.html

www.treehugger.com/sustainable-fashion

navercast.naver.com/contents.nhn?contents_id=13201

roripia.blog.me/50143630589

www.youtube.com/watch?v=VTBmvCJt__w&feature=g-vrec

www.millet.co.kr/_product/product_line.asp

tinnews.co.kr

www.missoni.com/ing.html

kayjune.koreasme.com/kr

www.koreatimes.co.kr/www/news/art/2009/07/148_49087.html

www.missoni.com/ing.html

www.youtube.com/watch?v=VTBmvCJt__w&feature=g-vrec

8장

김연옥(1998). 중국의 역대직물, 민길자 감수, 서울: 한림원

민길자(1998). 우리옷, 빛깔있는 책들, 서울: 대원사

주영헌(1986). 고구려고분벽화, 북한고고학술총서8, 일본 동경: 조선화보사

대구섬유산업연합회(2004). 혼성의 정원, 대구 텍스타일 아트 도큐먼트, 대구광역시, 문광부

한지사 홍보책자

가주유끼 노주에(2004). 패션소재기획 웍샵, 한국의류산업학회

주간조일백과(2001). 일본의 보물, 나라, 고분벽화04/20

Tanko, Special Issue 1995 November No. 16. 화려한 수직기술의 세계, 염힐별판, 애장판, 53.71.77

New Textiles, 허니서클

Cathy Newman(2001). Fashion , Washington DC: National Geographic Society

Gail Baugh(2010). Fashion Designer's Textile directory, London: Barron's

Jenny Udale(2008). Textiles &Fashion, New York: AVA acadia

Marypaul Yates(1996). Textiles, a Handbook for Designers, Revised Edition, NewYork: W.W. Norton & Company

Sass Brown(2010). Eco Fashion, London: Laurence King publishing.

Susan Meller and Joost Elffers(1991). Textile Designs, New York: Harry Abrams Inc.

Prada(2009). Milano, Dal 1913, Prada Co. 66, 129

www.leeyounghee.co.kr

www.clo.co.kr, 3D Clo CAD Harriette Kim 2011

terms.naver.com/entry.nhn?docld=65918&mobile&categoryld=453

www.leeyounghee.co.kr

www.okfashion.co.kr/index.cgi?action=detail&number=8423&thread=81r09

www.davincimuseum.co.kr

찾아보기

FASHION TEXTILES

패션 텍스타일

저자소개

FASHION
TEXTILES

김은애
서울대학교 의류학과
서울대학교 대학원 의류학과
미국 University of Maryland
Textiles and Consumer Economics(Ph. D)
현재 연세대학교 생활과학대학 의류환경학과 교수
　　　한국의류학회 회장

김혜경
이화여자대학교 의류직물학과(B.A.)
미국 University of Maryland
Textiles & Consumer Economics, (M.S. & Ph. D.)
현재 원광대학교 패션디자인산업학과 교수

나영주
서울대학교 의류학과
서울대학교 대학원 의류학과
미국 University of Maryland
Textiles and Consumer Economics(Ph. D)
현재 인하대학교 생활과학대학 의류디자인학전공 교수

신윤숙
전남대학교 가정교육학과
전남대학교 대학원 섬유공학과
미국 University of Maryland
Textiles and Consumer Economics(Ph. D)
현재 전남대학교 생활과학대학 의류학과 교수

오경화
서울대학교 의류학과
서울대학교 대학원 의류학과
미국 University of Maryland
Textiles and Consumer Economics(Ph. D)
현재 중앙대학교 사범대학 가정교육과 교수

임은혁
서울대학교 의류학과
미국 Parsons School of Design, Fashion Design (B.F.A.)
서울대학교 대학원 의류학과 (M.H.E., Ph. D.)
현재 성균관대학교 예술대학 의상학과 부교수

전양진
서울대학교 의류학과
서울대학교 대학원 의류학과
미국 University of Maryland
Textiles and Consumer Economics(Ph. D)
현재 명지대학교 예술체육대학 디자인학부 교수

FASHION TEXTILES
패션 텍스타일

2013년 2월 22일 초판 인쇄
2019년 2월 13일 2쇄 발행

지은이 김은애 외
펴낸이 류제동
펴낸곳 ㈜교문사

전무이사 양계성
책임편집 모은영
본문디자인, 표지디자인 다오멀티플라이
제작 김선형
마케팅 이진석, 정용섭, 송기윤

출력 현대미디어
인쇄 삼신인쇄
제본 한진제본

우편번호 413-756
주소 경기도 파주시 교하읍 문발리 출판문화정보산업단지 536-2
전화 031)955-6111(代)
팩스 031)955-0955
등록 1960. 10. 28. 제406-2006-000035호

홈페이지 www.kyomunsa.co.kr
E-mail webmaster@kyomunsa.co.kr
ISBN 978-89-363-1322-7(93590)

값 22,000원